リピート＆チャージ化学基礎ドリル

物質量と化学反応式

本書の特徴と使い方

本書は，化学基礎の基本となる内容をつまずくことなく学習できるようにまとめた書き込み式のドリル教材です。

▶1項目につき1見開きでまとまっており，計画的に学習を進めることができます。

▶『Check』（ない項目もあります）→『例』→『類題』で構成しており，各項目について段階的に繰り返し学習し，内容の定着をはかります。

▶ページの下端には，学習内容の理解を助けるためのアドバイスを載せております。

☑ 最低限おさえておくべき基本事項

考え方のポイントや覚えておくと便利な豆知識

計算や知識を理解するうえでの注意点

重要公式（例の中にもあります）

▶各項目の右ページ上部に，計算に必要な原子量の概数値と基本定数を記載しています。問題を解くさいに参照してください。

▶巻末に「周期表ドリル」を掲載しました。周期表中の虫食い部分をうめていくスタイルです。周期表は，化学を学んでいくうえで欠かせない事項なので，くり返して定着させましょう。

目次

1 計算問題(1)

1 次の分数で表される式を計算し，整数または小数で表しなさい。

例 $\dfrac{24\times 9}{6\times 18}$

解法 $\dfrac{\overset{4}{\cancel{24}}\times\overset{1}{\cancel{9}}}{\underset{1}{\cancel{6}}\times\underset{2}{\cancel{18}}}=\dfrac{4}{2}=2$

答 2

(1) $\dfrac{36\times 27}{9\times 12}$

(2) $\dfrac{3.6\times 2.7}{1.8\times 6}$

(3) $\dfrac{1.6\times 1.2\times (0.2+1.6)}{2.4\times 4.8}$

(4) $\dfrac{7.5\times 2.7\times (1.2-0.3)}{0.81\times 1.5}$

(5) $\dfrac{4.5\times 6.0\times 4.9}{(4.0+2.3)\times 3.5\times 2.4}$

2 次の分数を小数で表しなさい。

例 $\dfrac{10}{25}$

解法 $\dfrac{10}{25}=\dfrac{40}{100}=0.4$

分母を 100 にすると解きやすいので，分子と分母を 4 倍する。

答 0.4

(1) $\dfrac{3}{25}$

(2) $\dfrac{1500}{10000}$

(3) $\dfrac{0.9}{12.5}$

(4) $\dfrac{3.5}{20}$

(5) $\dfrac{23000}{500000}$

化学であつかう数値は，値の大小を比較するため，分数ではなく小数を用いる。

3 次の x の値を求めなさい。

例 $2:3=100:x$

解法 $2\times x=3\times 100$ より

$x=3\times 100\times\frac{1}{2}=150$

答 150

(1) $x:12=3:4$

＿＿＿＿＿

(2) $9:x=3:5$

＿＿＿＿＿

(3) $x:a=b:c$

＿＿＿＿＿

例 $\frac{2}{3}=\frac{100}{x}$

解法 $2\times x=3\times 100$ より

$x=3\times 100\times\frac{1}{2}=150$

答 150

(4) $\frac{x}{12}=\frac{3}{4}$

＿＿＿＿＿

(5) $\frac{9}{x}=\frac{3}{5}$

＿＿＿＿＿

(6) $\frac{x}{a}=\frac{b}{c}$

＿＿＿＿＿

4 次の問いに答えなさい。

例 **15 %の食塩水は，100 g の水溶液に 15 g の食塩が溶けている。この食塩水 20 g に溶けている食塩は何 g か。**

解法 求める食塩の質量を x〔g〕とする。

100 g：15 g＝20 g：x〔g〕

$100\times x=15\times 20$ より

$x=15\times 20\times\frac{1}{100}=3.0$ **答** 3.0 g

(1) 酸素 22.4 L の質量は 32 g である。酸素 2.8 L の質量は何 g か。

＿＿＿＿＿ g

(2) 炭素 12 g が完全に燃焼するのに必要な酸素は 32 g である。炭素 3 g が完全に燃焼するのに必要な酸素は何 g か。

＿＿＿＿＿ g

(3) 5 cm^3 の鉄の質量は 39.5 g である。鉄板 100 cm^3 の質量は何 g か。

＿＿＿＿＿ g

「$a:b=c:d$」も「$\frac{a}{b}=\frac{c}{d}$」も「$a\times d=b\times c$」として考える。

2 計算問題(2)

1 次の数値を $A \times 10^B$ という形で表しなさい。ただし，[ ]内は有効数字の桁数を表す。

例 12500 [2]

解法 $12500 = 1.25 \times 10 \times 10 \times 10 \times 10$

$= 1.2\overset{3}{5} \times 10^4$

答 1.3×10^4

(1) 1230 [2]

(2) 0.0125 [2]

(3) 41692670 [3]

(4) 41692670 [5]

(5) 0.00935831 [3]

(6) 0.00935831 [2]

(7) $6.02214129 \times 10^{23}$ [3]

2 次の計算式の答えを有効数字 2 桁で表しなさい。

例 1.66＋2.0＋7.37－4.54

解法 $11.03 - 4.54 = 6.4\overset{5}{9} \fallingdotseq 6.5$

加法・減法の場合，計算後に，有効数字の末位が最も高いものにあわせる。すなわち，この問題の場合，小数第 2 位を四捨五入して，小数第 1 位までを答えとする。

答 6.5

(1) 3.24－5.76＋8.9

(2) 3.0＋1.87－2.7

(3) 2.421＋0.634－7.4

例 2.0×22.4×3.48÷5.6

解法 $\dfrac{2.0 \times 2\overset{4}{2}.4 \times 3.48}{5.6} = 27.\overset{8}{8}4 \fallingdotseq 28$

乗法・除法の場合，計算後に，有効数字の桁数の最も少ないものにあわせる。

答 28

(4) $1.25 \times 10.5 \div 3.5$

(5) $1.013 \times 10^5 \times 22.4 \div 273 \div 1.0$

(6) $9.72 \times 6.02 \times 10^{23} \times 3.0 \div 2.7$

☑ 化学であつかう数値の多くは測定値である。測定値として信頼できる数値を「有効数字」という。

3 次の数値を，(1)～(4)は $A\times10^{B}$ の形，(5)～(7)は $A\times10^{-B}$ の形で表しなさい。ただし，答えは有効数字２桁で表すこと。

例 20000［$A\times10^{B}$ の形］

解法 $20000=2.0\times10\times10\times10\times10$
$=2.0\times10^{4}$

答 $\mathbf{2.0\times10^{4}}$

(1) 3500

(2) 96500

(3) 60200000000

(4) 1015×10^{2}

例 0.00020［$A\times10^{-B}$ の形］

解法 $0.00020=2.0\times\frac{1}{10}\times\frac{1}{10}\times\frac{1}{10}\times\frac{1}{10}$
$=2.0\times\frac{1}{10^{4}}$
$=2.0\times10^{-4}$

答 $\mathbf{2.0\times10^{-4}}$

(5) 0.035

(6) 0.000734

(7) 0.00000008932

4 次の計算式の答えを有効数字２桁で表しなさい。

例 $(3.0\times10^{3})\times(5.0\times10^{4})$

解法 $3.0\times5.0\times10^{3+4}$
$=15\times10^{7}$
$=1.5\times10^{8}$

答 $\mathbf{1.5\times10^{8}}$

(1) $(2.5\times10^{3})\times(3.0\times10^{4})$

(2) $(1.2\times10^{9})\div(3.0\times10^{4})$

(3) $(1.5\times10^{5})\times(5.0\times10^{-9})$

(4) $(3.2\times10^{9})\div(4.0\times10^{-4})$

(5) $(1.6\times10^{-9})\div(4.0\times10^{-4})$

【重要公式】指数の計算　$10^{a}\times10^{b}=10^{a+b}$　$10^{a}\div10^{b}=10^{a-b}$　$(10^{a})^{b}=10^{a\times b}$

3 原子量・分子量・式量(1)

Check!

- □ **原子の相対質量**(げんしのそうたいしつりょう)…質量数 12 の炭素原子 ^{12}C の相対質量を 12(基準)とした原子の質量。
- □ **原子量**(げんしりょう)…同位体の相対質量と存在比によって得られる相対質量の平均値。
- □ **分子量**(ぶんしりょう)…分子中にある原子の原子量の総和。
- □ **式量**(しきりょう)…イオンでできている物質や金属における組成式や，イオン式中にある原子の原子量の総和。
- □ **原子量の概数値**(げんしりょうのがいすうち)…通常の計算に用いる原子量の値。(右ページ上に記載)

1 ^{12}C の質量を 2.00×10^{-23} g として，次の問いに答えなさい。ただし，解答は有効数字 3 桁で表すこと。

例 ^{1}H の質量を 1.67×10^{-24} g として，^{1}H 原子の相対質量を求めなさい。

解法 求める ^{1}H の相対質量を x とする。

$$x = \frac{1.67 \times 10^{-24}}{2.00 \times 10^{-23}} \times 12$$

$$= 1.002 \fallingdotseq 1.00$$

答 1.00

(1) ^{14}N の質量を 2.33×10^{-23} g として，^{14}N 原子の相対質量を求めなさい。

(2) ^{16}O の質量を 2.66×10^{-23} g として，^{16}O 原子の相対質量を求めなさい。

(3) ^{13}C の質量を 2.16×10^{-23} g として，^{13}C 原子の相対質量を求めなさい。

2 原子量について，次の問いに答えなさい。ただし，解答は小数第 1 位まで求めること。

例 炭素は ^{12}C(相対質量 12.0)が 99.0 %，^{13}C(相対質量 13.0)が 1.0 %存在する。炭素の原子量を求めなさい。

解法 $12.0 \times \frac{99.0}{100} + 13.0 \times \frac{1.0}{100}$

$= 12.01 \fallingdotseq 12.0$

答 12.0

(1) ホウ素は ^{10}B(相対質量10.0)が20.0 %，^{11}B(相対質量 11.0)が 80.0 %存在する。ホウ素の原子量を求めなさい。

(2) 塩素は ^{35}Cl(相対質量 35.0)が 75.0 %，^{37}Cl(相対質量 37.0)が 25.0 %存在する。塩素の原子量を求めなさい。

(3) 銅は ^{63}Cu(相対質量 63.0)が 70.0 %，^{65}Cu(相対質量 65.0)が 30.0 %存在する。銅の原子量を求めなさい。

1803 年に初めて原子量を測定したのはドルトン(1766～1844)で，このとき水素の原子量を 1 とした。

原子量 H=1.0，C=12，N=14，O=16，F=19，S=32，Cl=35.5，I=127

3 上にある原子量の概数値を用いて，次の分子の分子量を求めなさい。

例 水 H_2O
解法 1.0×2+16=18
答 18

(1) 水素 H_2

(2) 窒素 N_2

(3) 酸素 O_2

(4) 塩素 Cl_2

(5) ヨウ素 I_2

(6) 塩化水素 HCl

(7) フッ化水素 HF

(8) ヨウ化水素 HI

(9) 一酸化炭素 CO

(10) 一酸化窒素 NO

(11) 二酸化炭素 CO_2

(12) 二酸化窒素 NO_2

(13) 二酸化硫黄 SO_2

(14) 硫化水素 H_2S

(15) アンモニア NH_3

(16) メタン CH_4

(17) 硝酸 HNO_3

(18) プロパン C_3H_8

(19) 硫酸 H_2SO_4

（左ページの続き）その後，ベルセリウスは酸素の原子量を100とし，さらにスタスは酸素16を基準とした。現在では $^{12}C=12$ が基準となっている。

4 原子量・分子量・式量(2)

Check!

□ イオンの化学式の式量

イオンでできている物質の場合，イオンの化学式中にある原子の原子量の総和で相対質量を表す。電子の質量は原子全体の質量と比べて非常に小さいので，イオンの電荷に関係なくもとの原子の原子量をそのまま用いることができる。

□ 組成式の式量

イオンの化学式と同様に，組成式中にある原子の原子量の総和で相対質量を表す。

1 次の単原子イオンの式量を求めなさい。

例 ナトリウムイオン Na^+
解法 Na^+ の式量＝Na の原子量
答 23

(1) カリウムイオン K^+

(2) 塩化物イオン Cl^-

(3) アルミニウムイオン Al^{3+}

(4) 酸化物イオン O^{2-}

(5) カルシウムイオン Ca^{2+}

(6) 鉄(Ⅱ)イオン Fe^{2+}

(7) 鉄(Ⅲ)イオン Fe^{3+}

(8) 銅(Ⅱ)イオン Cu^{2+}

(9) 銀イオン Ag^+

2 次の多原子イオンの式量を求めなさい。

例 水酸化物イオン OH^-
解法 16＋1.0＝17
答 17

(1) アンモニウムイオン NH_4^+

(2) 硝酸イオン NO_3^-

(3) 硫酸イオン SO_4^{2-}

(4) 炭酸イオン CO_3^{2-}

(5) リン酸イオン PO_4^{3-}

分子式で表される物質は「分子量」を用いる。組成式・イオンの化学式で表される物質は「式量」を用いる。

原子量 H=1.0, C=12, N=14, O=16, F=19, Na=23, Al=27, P=31, S=32, Cl=35.5, K=39, Ca=40, Fe=56, Cu=64, Ag=108

3 次の物質の式量を求めなさい。

例 塩化ナトリウム NaCl

解法 23+35.5=58.5

答 58.5

(1) 水酸化ナトリウム NaOH

(2) 水酸化カルシウム $Ca(OH)_2$

(3) 塩化カリウム KCl

(4) 塩化カルシウム $CaCl_2$

(5) 水酸化カリウム KOH

(6) 水酸化鉄(Ⅲ)$Fe(OH)_3$

(7) 硫化鉄(Ⅱ)FeS

(8) 酸化カルシウム CaO

(9) 酸化銅(Ⅱ)CuO

(10) 酸化アルミニウム Al_2O_3

(11) フッ化カルシウム CaF_2

(12) 硝酸ナトリウム $NaNO_3$

(13) 酸化鉄(Ⅲ)Fe_2O_3

(14) 硫酸ナトリウム Na_2SO_4

(15) 硝酸カリウム KNO_3

(16) 硫酸銅(Ⅱ)$CuSO_4$

(17) 硫酸カルシウム $CaSO_4$

(18) 硫酸アルミニウム $Al_2(SO_4)_3$

(19) 硫酸鉄(Ⅲ)$Fe_2(SO_4)_3$

原子量の概数値は，問題によって数値が異なるので，注意する。(例 Cu=63.5, Cu=64)

5 物質量(1)

1 次の物質の物質量を有効数字 2 桁で答えなさい。

例 炭素原子 3.0×10^{23} 個の物質量

×÷ 物質量〔mol〕$= \dfrac{\text{粒子の数}}{6.0 \times 10^{23}/\text{mol}}$

解法 $\dfrac{3.0 \times 10^{23}}{6.0 \times 10^{23}/\text{mol}}$

$= 0.50$ mol

答 **0.50 mol**

(1) アルミニウム原子 6.0×10^{23} 個の物質量

____________ mol

(2) マグネシウム原子 1.2×10^{23} 個の物質量

____________ mol

(3) アンモニア分子 1.8×10^{24} 個の物質量

____________ mol

(4) 酸素原子 3.0×10^{24} 個の物質量

____________ mol

(5) 塩化物イオン 9.0×10^{23} 個の物質量

____________ mol

(6) カリウムイオン 1.5×10^{24} 個の物質量

____________ mol

(7) 鉄原子 2.4×10^{24} 個の物質量

____________ mol

(8) 硫酸イオン 3.6×10^{23} 個の物質量

____________ mol

2 次の粒子の数を有効数字 2 桁で答えなさい。

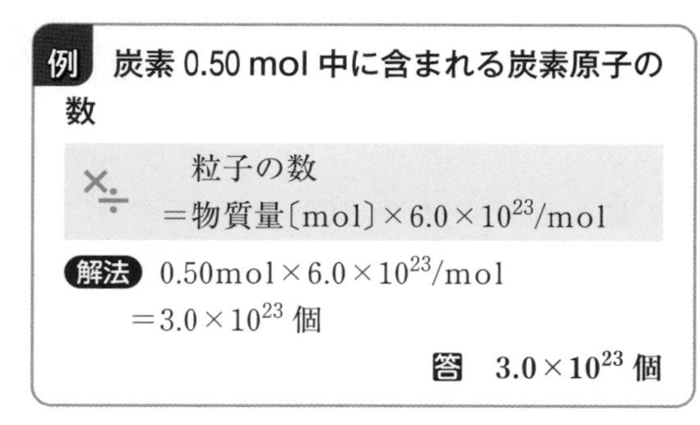

例 炭素 0.50 mol 中に含まれる炭素原子の数

×÷ 粒子の数
$=$ 物質量〔mol〕$\times 6.0 \times 10^{23}/\text{mol}$

解法 $0.50\text{mol} \times 6.0 \times 10^{23}/\text{mol}$

$= 3.0 \times 10^{23}$ 個

答 **3.0×10^{23} 個**

(1) 酸素 1.0 mol 中に含まれる酸素分子の数

____________ 個

(2) 銀 2.5 mol 中に含まれる銀原子の数

____________ 個

例 ナトリウムイオン 2.0 mol の数

解法 $2.0\ \text{mol} \times 6.0 \times 10^{23}/\text{mol}$

$= 1.2 \times 10^{24}$ 個

答 **1.2×10^{24} 個**

(3) カリウムイオン 1.3 mol の数

____________ 個

(4) 硫化物イオン 8.5 mol の数

____________ 個

「アボガドロ定数」は，イタリア出身の化学者アメデオ・アボガドロ(1776〜1856)にちなんで名づけられた。

3 次の物質量を有効数字2桁で答えなさい。

例 酸素分子 1.0 mol 中に含まれる酸素原子の物質量

解法 1分子の O_2 中には2個の酸素原子がある。
よって，O_2 1.0 mol 中に含まれる酸素原子の物質量は，次のようになる。
1.0 mol×2＝2.0 mol

答 **2.0 mol**

(1) アンモニア分子 2.0 mol 中に含まれる水素原子の物質量

＿＿＿＿＿＿ mol

(2) 硫酸分子 2.5 mol 中に含まれる酸素原子の物質量

＿＿＿＿＿＿ mol

(3) 水酸化カルシウム 0.50 mol 中に含まれる水酸化物イオンの物質量

＿＿＿＿＿＿ mol

(4) 塩化銅(Ⅱ)2.3 mol 中に含まれる塩化物イオンの物質量

＿＿＿＿＿＿ mol

(5) 硫酸銅(Ⅱ)五水和物 $CuSO_4\cdot5H_2O$ 1.0 mol 中に含まれる水分子の物質量

＿＿＿＿＿＿ mol

4 次の粒子の数を有効数字2桁で答えなさい。

例 二酸化炭素分子 1.0 mol 中に含まれる酸素原子の数

解法 CO_2 1.0 mol 中に含まれる酸素原子の物質量は 2.0 mol である。
よって，その個数は次のようになる。
2.0 mol×6.0×10^{23}/mol＝1.2×10^{24} 個

答 **1.2×10^{24} 個**

(1) アンモニア分子 2.0 mol 中に含まれる水素原子の数

＿＿＿＿＿＿ 個

(2) 水酸化カルシウム 0.50 mol 中に含まれる水酸化物イオンの数

＿＿＿＿＿＿ 個

(3) 硫酸銅(Ⅱ)五水和物 $CuSO_4\cdot5H_2O$ 1.0 mol 中に含まれる水分子の数

＿＿＿＿＿＿ 個

アボガドロ定数の決定には日本の測定技術が貢献しており，そのレベルは世界的に見ても非常に高い。

6 物質量(2)

1 次の物質の質量を有効数字２桁で答えなさい。

例 **炭素 C 0.50 mol の質量**

解法 炭素原子 C の原子量は 12 より，モル質量は 12 g/mol となる。
よって，求める質量は次のようになる。

質量〔g〕
＝モル質量〔g/mol〕×物質量〔mol〕

12 g/mol×0.50 mol
＝6.0 g

答 **6.0 g**

例 **二酸化炭素 CO_2 1.0 mol の質量**

解法 二酸化炭素 CO_2 の分子量は
12＋16×2＝44 であるから，モル質量は
44 g/mol となる。
よって，求める質量は次のようになる。

44 g/mol×1.0 mol
＝44 g

答 **44 g**

(1) アルミニウム Al 2.0 mol の質量

＿＿＿＿＿＿ g

(2) マグネシウム Mg 3.0 mol の質量

＿＿＿＿＿＿ g

(3) 鉄 Fe 1.5 mol の質量

＿＿＿＿＿＿ g

(4) 銅 Cu 0.25 mol の質量

＿＿＿＿＿＿ g

(5) アルゴン Ar 0.75 mol の質量

＿＿＿＿＿＿ g

(6) 塩素 Cl_2 0.20 mol の質量

＿＿＿＿＿＿ g

(7) 硫酸 H_2SO_4 0.10 mol の質量

＿＿＿＿＿＿ g

(8) 炭酸カルシウム $CaCO_3$ 2.5 mol の質量

＿＿＿＿＿＿ g

(9) 水酸化ナトリウム NaOH 3.0 mol の質量

＿＿＿＿＿＿ g

(10) 塩化アンモニウム NH_4Cl 2.0 mol の質量

＿＿＿＿＿＿ g

☑ 物質 1 mol あたりの質量を「モル質量」といい，原子量(分子量・式量)と同じ値になる。モル質量は，g/mol という単位を用いる。

原子量 H＝1.0，C＝12，N＝14，O＝16，Na＝23，Mg＝24，Al＝27，S＝32，Cl＝35.5，K＝39，Ar＝40，Ca＝40，Fe＝56，Cu＝64

2 次の物質の物質量を有効数字２桁で答えなさい。

例 炭素 C 24 g の物質量

解法 炭素原子 C の原子量は 12 であるから，モル質量は 12 g/mol となる。
よって，求める物質量は次のようになる。

$$物質量〔mol〕=\frac{質量〔g〕}{モル質量〔g/mol〕}$$

$$\frac{24\ g}{12\ g/mol}=2.0\ mol$$

答 **2.0 mol**

例 二酸化炭素 CO_2 22 g の物質量

解法 二酸化炭素 CO_2 の分子量は $12+16\times2=44$ であるから，モル質量は 44 g/mol となる。
よって，求める物質量は次のようになる。

$$\frac{22\ g}{44\ g/mol}=0.50\ mol$$

答 **0.50 mol**

(1) アルミニウム Al 27 g の物質量

______ mol

(2) 硫黄 S 4.8 g の物質量

______ mol

(3) 鉄 Fe 0.28 g の物質量

______ mol

(4) 銅 Cu 48 g の物質量

______ mol

(5) 塩素 Cl_2 7.1 g の物質量

______ mol

(6) 硝酸 HNO_3 6.3 g の物質量

______ mol

(7) 炭酸カルシウム $CaCO_3$ 13 g の物質量

______ mol

(8) 水酸化カリウム KOH 140 g の物質量

______ mol

【重要公式】$物質量〔mol〕=\frac{質量〔g〕}{モル質量〔g/mol〕}$

7 物質量(3)

1 次の物質の0℃，1.013×10^5 Pa（標準状態）における体積を有効数字3桁で答えなさい。

例 **酸素 O_2 2.00 mol の体積**

解法 標準状態における気体1 mol の体積は，22.4 L である。
よって，求める体積は次のようになる。

体積〔L〕＝22.4 L/mol×物質量〔mol〕

22.4 L/mol×2.00 mol＝44.8 L

答 **44.8 L**

(1) 水素 H_2 1.00 mol の体積

______ L

(2) 窒素 N_2 3.00 mol の体積

______ L

(3) メタン CH_4 1.50 mol の体積

______ L

(4) アンモニア NH_3 0.250 mol の体積

______ L

(5) アルゴン Ar 0.750 mol の体積

______ L

(6) 二酸化炭素 CO_2 0.500 mol の体積

______ L

2 次の物質の0℃，1.013×10^5 Pa（標準状態）における物質量を有効数字3桁で答えなさい。

例 **酸素 O_2 11.2 L の物質量**

解法 標準状態で22.4 L の気体の物質量は1 mol である。
よって，求める物質量は次のようになる。

$$物質量〔mol〕=\frac{体積〔L〕}{22.4\ L/mol}$$

$$\frac{11.2\ L}{22.4\ L/mol}$$
＝0.500 mol

答 **0.500 mol**

(1) 水素 H_2 22.4 L の物質量

______ mol

(2) 塩素 Cl_2 6.72 L の物質量

______ mol

(3) エチレン C_2H_4 56.0 L の物質量

______ mol

(4) 二酸化炭素 CO_2 33.6 L の物質量

______ mol

(5) 二酸化窒素 NO_2 2.80 L の物質量

______ mol

(6) アルゴン Ar 44.8 L の物質量

______ mol

☑ 気体は温度と圧力により体積が変化するので，温度・圧力の条件を示す必要がある。

3 次の物質の0℃, 1.013×10^5 Pa（標準状態）における質量を有効数字２桁で答えなさい。

例 酸素 O_2 11.2 L の質量

解法 標準状態で 22.4 L の気体の物質量は 1 mol である。
また，酸素 O_2 の分子量は 16×2=32 より，モル質量は 32 g/mol である。
よって，求める質量は次のようになる。

$$質量〔g〕=\frac{体積〔L〕}{22.4\ L/mol}\times モル質量〔g/mol〕$$

$$\frac{11.2\ L}{22.4\ L/mol}\times 32\ g/mol=16\ g$$

答 **16 g**

(1) 水素 H_2 11.2 L の質量

＿＿＿＿＿＿ g

(2) 窒素 N_2 67.2 L の質量

＿＿＿＿＿＿ g

(3) エチレン C_2H_4 56.0 L の質量

＿＿＿＿＿＿ g

(4) 二酸化炭素 CO_2 33.6 L の質量

＿＿＿＿＿＿ g

(5) アンモニア NH_3 2.80 L の質量

＿＿＿＿＿＿ g

(6) メタン CH_4 16.8 L の質量

＿＿＿＿＿＿ g

4 次の気体の分子量を有効数字２桁で答えなさい。

例 標準状態における体積が 5.6 L，質量が 8.0 g である気体

解法
標準状態で 22.4 L の気体の物質量は 1 mol であるから，この気体の物質量は，

$$\frac{5.6\ L}{22.4\ L/mol}=0.25\ mol$$ となる。

また，物質 1.0 mol あたりの質量がモル質量であるから，この物質のモル質量は，

$$\frac{8.0\ g}{0.25\ mol}=32\ g/mol$$ となる。

よって，求める気体の分子量は 32 となる。

答 **32**

(1) 標準状態における体積が 6.72 L，質量が 8.4 g である気体

＿＿＿＿＿＿

(2) 標準状態における体積が 5.6 L，質量が 4.25 g である気体

＿＿＿＿＿＿

【重要公式】$物質量〔mol〕=\frac{標準状態における気体の体積〔L〕}{22.4\ L/mol}$

8 溶液の濃度

1 次の水溶液のモル濃度を有効数字２桁で答えなさい。

例 **塩化ナトリウム NaCl 0.20 mol を水に溶かして 1.0 L とした水溶液**

モル濃度〔mol/L〕$=\dfrac{溶質の物質量〔mol〕}{溶液の体積〔L〕}$

解法 $\dfrac{0.20\ \mathrm{mol}}{1.0\ \mathrm{L}}=0.20\ \mathrm{mol/L}$

答 **0.20 mol/L**

(1) 塩化カリウム KCl 2.0 mol を水に溶かして 500 mL とした水溶液

mol/L

(2) 硝酸カリウム KNO_3 1.2 mol を水に溶かして 200 mL とした水溶液

mol/L

(3) 水酸化カリウム KOH 2.5 mol を水に溶かして 500 mL とした水溶液

mol/L

(4) 炭酸ナトリウム Na_2CO_3 1.8 mol を水に溶かして 600 mL とした水溶液

mol/L

(5) 硝酸銀 $AgNO_3$ 0.10 mol を水に溶かして 250 mL とした水溶液

mol/L

2 次の水溶液のモル濃度を有効数字２桁で答えなさい。

例 **塩化ナトリウム NaCl 11.7 g を水に溶かして 1.0 L とした水溶液**

解法 塩化ナトリウム NaCl の式量は，23＋35.5＝58.5 なので，溶質の物質量は次のようになる。

$\dfrac{11.7\ \mathrm{g}}{58.5\ \mathrm{g/mol}}=0.20\ \mathrm{mol}$

よって，求めるモル濃度は次のようになる。

$\dfrac{0.20\ \mathrm{mol}}{1.0\ \mathrm{L}}=0.20\ \mathrm{mol/L}$ 答 **0.20 mol/L**

(1) 水酸化ナトリウム NaOH 2.0 g を水に溶かして 500 mL とした水溶液

mol/L

(2) 硝酸カリウム KNO_3 10.1 g を水に溶かして 2.0 L とした水溶液

mol/L

(3) 塩化カリウム KCl 14.9 g を水に溶かして 500 mL とした水溶液

mol/L

☑ モル濃度〔mol/L〕とは，溶液 1 L に溶けている溶質の物質量〔mol〕を表した濃度である。

3 次の問いに有効数字２桁で答えなさい。

例 2.0 mol/L の塩酸 10 mL 中の塩化水素 HCl の物質量は何 mol か。

溶質の物質量〔mol〕
＝モル濃度〔mol/L〕×体積〔L〕

解法 $2.0\ \mathrm{mol/L}\times\frac{10}{1000}\ \mathrm{L}$
＝0.020 mol
＝2.0×10^{-2} mol　答 **2.0×10^{-2} mol**

(1) 1.0 mol/L の塩化ナトリウム水溶液 25 mL 中の塩化ナトリウム NaCl の物質量は何 mol か。

＿＿＿＿＿＿ mol

(2) 3.0 mol/L のグルコース水溶液 10 mL 中のグルコース $C_6H_{12}O_6$ の物質量は何 mol か。

＿＿＿＿＿＿ mol

(3) 1.0 mol/L の水酸化ナトリウム水溶液 100 mL 中の水酸化ナトリウム NaOH の物質量は何 mol か。

＿＿＿＿＿＿ mol

例 1.0 mol/L の塩化カリウム水溶液 10 mL をつくるのに必要な塩化カリウム KCl は何 g か。

解法 塩化カリウム KCl の式量は，39＋35.5＝74.5 なので，求める質量は次のようになる。

$1.0\ \mathrm{mol/L}\times\frac{10}{1000}\ \mathrm{L}\times74.5\ \mathrm{g/mol}$
＝0.745 g
≒0.75 g　答 **0.75 g**

(4) 2.0 mol/L の水酸化ナトリウム水溶液 100 mL をつくるのに必要な水酸化ナトリウム NaOH は何 g か。

＿＿＿＿＿＿ g

(5) 2.5 mol/L のアンモニア水溶液 20 mL をつくるのに必要なアンモニア NH_3 は何 g か。

＿＿＿＿＿＿ g

4 次の水溶液の質量パーセント濃度を有効数字２桁で答えなさい。

例 塩化ナトリウム NaCl 25 g を水 100 g に溶かした水溶液

解法 $\frac{25\ \mathrm{g}}{100\ \mathrm{g}+25\ \mathrm{g}}\times100$
＝20 %　答 **20 %**

(1) 硝酸カリウム KNO_3 20 g を水 80 g に溶かした水溶液

＿＿＿＿＿＿ %

(2) 食塩 5.0 g を水 45 g に溶かした水溶液

＿＿＿＿＿＿ %

(3) ショ糖 3.0 g を水 47 g に溶かした水溶液

＿＿＿＿＿＿ %

【重要公式】質量パーセント濃度〔%〕＝$\frac{\text{溶質の質量〔g〕}}{\text{溶液の質量〔g〕}}\times100$

9 化学反応式(1)

Check!

□ 化学反応式(かがくはんのうしき)…化学変化を物質の化学式を用いて表した式。反応物と生成物で各原子ごとに総数が等しくなるように係数をつける。

□ イオン反応式(はんのうしき)…反応にかかわらないイオンを除いて表した化学反応式。

1 次の化学反応式の係数 a, b, c, d(d はないこともある)にあてはまる値を求め，化学反応式を書きなさい。

例 $a\mathrm{CH_4} + b\mathrm{O_2} \longrightarrow c\mathrm{CO_2} + d\mathrm{H_2O}$

解法 ① それぞれの化学式の最も複雑な物質(構成する原子の種類と総数が最も大きい物質)の係数を 1 とする。

$\mathrm{CH_4}$(C と H の 2 種類，総数 5 個)，$\mathrm{O_2}$(O の 1 種類，総数 2 個)，
$\mathrm{CO_2}$(C と O の 2 種類，総数 3 個)，$\mathrm{H_2O}$(H と O の 2 種類，総数 3 個)より，$a=1$ とする。

$1\mathrm{CH_4} + b\mathrm{O_2} \longrightarrow c\mathrm{CO_2} + d\mathrm{H_2O}$

② 1 と決めた化学式に使われている原子の(1)登場回数と(2)原子の総数が少ない原子から順番にあわせる。

C 原子(登場 2 回($\mathrm{CH_4}$，$\mathrm{CO_2}$)，総数 2 個)，H 原子(登場 2 回($\mathrm{CH_4}$，$\mathrm{H_2O}$)，総数 6 個)より，C 原子→H 原子→O 原子の順にあわせる。

(i) C 原子 $1\mathrm{CH_4} + b\mathrm{O_2} \longrightarrow 1\mathrm{CO_2} + d\mathrm{H_2O}$(反応物 C 原子 1 個なので，$\mathrm{CO_2}$ の係数 1)
(ii) H 原子 $1\mathrm{CH_4} + b\mathrm{O_2} \longrightarrow 1\mathrm{CO_2} + 2\mathrm{H_2O}$(反応物 H 原子 4 個なので，$\mathrm{H_2O}$ の係数 2)
(iii) O 原子 $1\mathrm{CH_4} + 2\mathrm{O_2} \longrightarrow 1\mathrm{CO_2} + 2\mathrm{H_2O}$(生成物 O 原子 4 個なので，$\mathrm{O_2}$ の係数 2)

③ 係数を最も簡単な整数比とし，1 を省略する(係数が分数になったときは最後に整数にする)。

答 $\mathrm{CH_4} + 2\mathrm{O_2} \longrightarrow \mathrm{CO_2} + 2\mathrm{H_2O}$

(1) $a\mathrm{C_3H_8} + b\mathrm{O_2} \longrightarrow c\mathrm{CO_2} + d\mathrm{H_2O}$

(2) $a\mathrm{C_2H_5OH} + b\mathrm{O_2} \longrightarrow c\mathrm{CO_2} + d\mathrm{H_2O}$

化学反応式では，温度や圧力，触媒などの反応条件，反応熱などは書かなくてよい。

(3)　$a\mathrm{Al} + b\mathrm{O_2} \longrightarrow c\mathrm{Al_2O_3}$

2 次の化学反応式の係数 a，b，c，d にあてはまる値を求め，化学反応式を書きなさい。

例 $a\mathrm{CH_4} + b\mathrm{O_2} \longrightarrow c\mathrm{CO_2} + d\mathrm{H_2O}$

解法 ①　最も複雑な化学式は $\mathrm{CH_4}$ より，$a=1$ とする。　$1\mathrm{CH_4} + b\mathrm{O_2} \longrightarrow c\mathrm{CO_2} + d\mathrm{H_2O}$

②　反応物と生成物の原子の総数が等しいことから，連立方程式を立て，解を求める。

C 原子が等しいので，1×1($\mathrm{CH_4}$ の係数×C 原子の数)$=c\times1$($\mathrm{CO_2}$ の係数×C 原子の数)

H 原子が等しいので，1×4($\mathrm{CH_4}$ の係数×H 原子の数)$=2\times d$($\mathrm{H_2O}$ の係数×H 原子の数)

O 原子が等しいので，$b\times2$($\mathrm{O_2}$ の係数×O 原子の数)

$=c\times2$($\mathrm{CO_2}$ の係数×O 原子の数)$+d\times1$($\mathrm{H_2O}$ の係数×O 原子の数)

これらを解いて，$b=2$，$c=1$，$d=2$　よって，$1\mathrm{CH_4} + 2\mathrm{O_2} \longrightarrow 1\mathrm{CO_2} + 2\mathrm{H_2O}$

③　係数を最も簡単な整数比とし，1 を省略する(係数が分数になったときは最後に整数にする)。

答 $\mathrm{CH_4} + 2\mathrm{O_2} \longrightarrow \mathrm{CO_2} + 2\mathrm{H_2O}$

(1)　$a\mathrm{CO_2} + b\mathrm{H_2O} \longrightarrow c\mathrm{C_6H_{12}O_6} + d\mathrm{O_2}$

(2)　$a\mathrm{H_2S} + b\mathrm{SO_2} \longrightarrow c\mathrm{S} + d\mathrm{H_2O}$

(3)　$a\mathrm{C_2H_6} + b\mathrm{O_2} \longrightarrow c\mathrm{CO_2} + d\mathrm{H_2O}$

1の方法を目算法といい，**2**の方法を未定係数法という。未定係数法では必ず答えが出るが，時間がかかる。

10 化学反応式(2)

1 次の化学反応式を書きなさい。

例 **一酸化炭素と酸素から二酸化炭素が生じた(一酸化炭素の燃焼)。**

解法 ① 化学反応式を物質名で書く。 一酸化炭素 ＋ 酸素 ⟶ 二酸化炭素

② 物質名を化学式にし，係数を a，b，c とつける。 $a\mathrm{CO} + b\mathrm{O_2} \longrightarrow c\mathrm{CO_2}$

③ 前ページの化学反応式(1)と同様に係数を決定する。 $1\mathrm{CO} + \frac{1}{2}\mathrm{O_2} \longrightarrow 1\mathrm{CO_2}$

④ 全体を 2 倍して，係数を最も簡単な整数比とし，1 を省略する。 答 $2\mathrm{CO} + \mathrm{O_2} \longrightarrow 2\mathrm{CO_2}$

(1) ナトリウムと酸素が反応して，酸化ナトリウム Na_2O が生じた。

____

(2) 窒素と水素からアンモニア NH_3 が生じた。

____

(3) アルミニウムに塩酸を加えると，塩化アルミニウム $AlCl_3$ と水素が生じた。

____

(4) アセチレン C_2H_2 を完全燃焼させると，二酸化炭素と水が生じた。

____

(5) カルシウムに水を加えると，水酸化カルシウム $Ca(OH)_2$ と水素が生じた。

____

 有機化合物または炭素，水素を含む物質を完全燃焼させると，空気中の酸素と反応し，炭素は二酸化炭素に，水素は水になる。

(6) 葉緑体では二酸化炭素と水から，グルコース $C_6H_{12}O_6$ と酸素が生成する(光合成)。

2 次の化学反応式をイオン反応式で表しなさい。

例 **硫酸銅(Ⅱ)$CuSO_4$ 水溶液に硫化水素 H_2S を吹き込むと，硫化銅(Ⅱ)CuS(黒)が沈殿した。**
化学反応式：$CuSO_4 + H_2S \longrightarrow CuS\downarrow + H_2SO_4$

解法 ① 沈殿する物質は何であるか考える。　CuS
② 沈殿物をつくるために必要な物質(イオン)を反応物からみつける。
硫酸銅(Ⅱ)$CuSO_4 \rightarrow Cu^{2+}$　硫化水素 $H_2S \rightarrow S^{2-}$
③ 電荷が0となるようにイオン反応式をつくる。　**答** $Cu^{2+} + S^{2-} \longrightarrow CuS$

(1) 硝酸銀 $AgNO_3$ 水溶液と塩化ナトリウム NaCl 水溶液を混合すると，塩化銀 AgCl(白)が沈殿した。
化学反応式：$AgNO_3 + NaCl \longrightarrow AgCl\downarrow + NaNO_3$

(2) 水酸化バリウム $Ba(OH)_2$ 水溶液と硫酸 H_2SO_4 を混合すると，硫酸バリウム $BaSO_4$(白)が沈殿した。
化学反応式：$Ba(OH)_2 + H_2SO_4 \longrightarrow BaSO_4\downarrow + 2H_2O$

(3) 硝酸銀 $AgNO_3$ 水溶液に硫化水素 H_2S を吹き込むと，硫化銀 Ag_2S(黒)が沈殿した。
化学反応式：$2AgNO_3 + H_2S \longrightarrow Ag_2S\downarrow + 2HNO_3$

化学式の後ろの「↑」は気体の発生，「↓」は沈殿の形成を示している。これらの矢印は，物質の生成を強調するときに使うことがある。

11 化学反応の量的関係(1)

1 次の化学反応式を粒子で表し，必要な粒子の個数を答えなさい。

例 $2CO + O_2 \longrightarrow 2CO_2$ **の反応において，CO_2 が10個できたとき，反応した CO と O_2 の個数を求めなさい。**

解法 $2CO + O_2 \longrightarrow 2CO_2$

◎◎ ◎◎ ＋ ◎◎ ⟶ ◎◎◎ ◎◎◎

2個　1個　2個

CO の係数：CO_2 の係数＝CO の個数：CO_2 の個数より，

CO の個数＝CO_2 の個数×$\dfrac{\text{CO の係数}}{CO_2\text{ の係数}}=10\times\dfrac{2}{2}=10$ 個

O_2 の個数＝CO_2 の個数×$\dfrac{O_2\text{ の係数}}{CO_2\text{ の係数}}=10\times\dfrac{1}{2}=5$ 個

答 CO　**10個，O_2　5個**

(1) $N_2 + 3H_2 \longrightarrow 2NH_3$ の反応において，NH_3 が100個できたとき，反応した N_2 と H_2 の個数を求めなさい。

N_2 ＿＿＿＿個　H_2 ＿＿＿＿個

(2) $2H_2 + O_2 \longrightarrow 2H_2O$ の反応において，H_2O が20個できたとき，反応した H_2 と O_2 の個数を求めなさい。

H_2 ＿＿＿＿個，O_2 ＿＿＿＿個

(3) $CH_4 + 2O_2 \longrightarrow CO_2 + 2H_2O$ の反応において，CO_2 が5個できたとき，反応した CH_4 と O_2 の個数と生成した H_2O の個数を求めなさい。

CH_4 ＿＿＿＿個，O_2 ＿＿＿＿個，H_2O ＿＿＿＿個

2 次の化学反応式をみて，空欄にあてはまる数を答えなさい。

例 $2CO + O_2 \longrightarrow 2CO_2$

CO_2 が10個生成したとき，CO は(10)個，O_2 は(5)個反応した。

$CH_4 + 2O_2 \longrightarrow CO_2 + 2H_2O$ の反応において，

(1) CO_2 が10個できたとき，CH_4 は(　　)個，O_2 は(　　)個反応し，H_2O は(　　)個生成する。

(2) CO_2 が 3.0×10^{23} 個できたとき，CH_4 は(　　　　)個，O_2 は(　　　　)個反応し，H_2O は(　　　　)個生成する。

 化学反応式の係数は，反応物・生成物における各物質の粒子数の比を表している。

3 次の化学反応式をみて，物質量の比を表し，必要な物質量を求めなさい。

例 $2Cu + O_2 \longrightarrow 2CuO$ の反応において，CuO を 4 mol つくるのに必要な Cu と O_2 の物質量を求めなさい。

解法 $2Cu + O_2 \longrightarrow 2CuO$
（2）:（1） : （2）
↑
物質量の比

$$\text{Cu の物質量} = \text{CuO の物質量} \times \frac{\text{Cu の係数}}{\text{CuO の係数}} = 4 \times \frac{2}{2} = 4\ \text{mol}$$

$$O_2\ \text{の物質量} = \text{CuO の物質量} \times \frac{O_2\ \text{の係数}}{\text{CuO の係数}} = 4 \times \frac{1}{2} = 2\ \text{mol}$$

答 Cu 4 mol, O_2 2 mol

(1) $4Al + 3O_2 \longrightarrow 2Al_2O_3$ の反応において，Al_2O_3 を 4 mol つくるのに必要な Al と O_2 の物質量を求めなさい。

$4Al + 3O_2 \longrightarrow 2Al_2O_3$
（ ）:（ ） : （ ）
↑
物質量の比

Al ______ mol, O_2 ______ mol

(2) $2H_2O_2 \longrightarrow O_2 + 2H_2O$ の反応において，O_2 を 5 mol つくるのに必要な H_2O_2 と生成する H_2O の物質量を求めなさい。

$2H_2O_2 \longrightarrow O_2 + 2H_2O$
（ ） : （ ）:（ ）
↑
物質量の比

H_2O_2 ______ mol, H_2O ______ mol

(3) $C_3H_8 + 5O_2 \longrightarrow 3CO_2 + 4H_2O$ の反応において，C_3H_8 が 2 mol 消費されたとき，一緒に消費された O_2，生成した CO_2，H_2O の物質量を求めなさい。

$C_3H_8 + 5O_2 \longrightarrow 3CO_2 + 4H_2O$
（ ）:（ ） : （ ） : （ ）
↑
物質量の比

O_2 ______ mol, CO_2 ______ mol, H_2O ______ mol

4 次の化学反応式をみて，空欄にあてはまる数を答えなさい。

例 $4Fe + 3O_2 \longrightarrow 2Fe_2O_3$
① Fe_2O_3 を 10 mol つくるためには，Fe（ 20 ）mol と O_2（ 15 ）mol が必要である。
② Fe_2O_3 が 8 mol できたとき，Fe（ 16 ）mol と O_2（ 12 ）mol が反応した。

(1) $2Na + 2H_2O \longrightarrow 2NaOH + H_2\uparrow$
① H_2 が 4 mol できたとき，Na（ ）mol と H_2O（ ）mol が反応し，NaOH（ ）mol ができた。
② NaOH が 4 mol できたとき，Na（ ）mol と H_2O（ ）mol が反応し，H_2（ ）mol ができた。

(2) $2Al + 6HCl \longrightarrow 2AlCl_3 + 3H_2\uparrow$
① H_2 が 6 mol できたとき，Al（ ）mol と HCl（ ）mol が反応し，$AlCl_3$（ ）mol ができた。
② Al が 30 mol 反応したとき，HCl（ ）mol が反応し，$AlCl_3$（ ）mol と H_2（ ）mol ができた。

化学反応式の係数は，反応物・生成物における各物質の物質量の比も表している。

12 化学反応の量的関係(2)

1 次の化学反応式をみて，物質量の比を表し，必要な質量を求めなさい。

例 $2CO + O_2 \longrightarrow 2CO_2$ **の反応において，CO_2 が 88 g できるときに，消費された CO と O_2 の質量を求めなさい。**

解法 $2CO + O_2 \longrightarrow 2CO_2$　　CO_2 88 g の物質量は，$\frac{88}{44} = 2.0$ mol

物質量の比→(**2**):(**1**)　:　(**2**)

CO の質量＝CO_2 の物質量×$\frac{\text{CO の係数}}{CO_2\text{ の係数}}$×CO の分子量＝$2.0 \times \frac{2}{2} \times 28 = 56$ g

O_2 の質量＝CO_2 の物質量×$\frac{O_2\text{ の係数}}{CO_2\text{ の係数}}$×$O_2$ の分子量＝$2.0 \times \frac{1}{2} \times 32 = 32$ g

答 CO　**56 g**，O_2　**32 g**

(1) $N_2 + 3H_2 \longrightarrow 2NH_3$ の反応において，NH_3 が 68 g できるときに，消費された N_2 と H_2 の質量を求めなさい。

$N_2 + 3H_2 \longrightarrow 2NH_3$

物質量の比→(　):(　)　:　(　)

N_2 ＿＿＿＿ g，H_2 ＿＿＿＿ g

(2) $2H_2 + O_2 \longrightarrow 2H_2O$ の反応において，H_2O が 90 g できるときに，消費された H_2 と O_2 の質量を求めなさい。

$2H_2 + O_2 \longrightarrow 2H_2O$

物質量の比→(　):(　)　:　(　)

H_2 ＿＿＿＿ g，O_2 ＿＿＿＿ g

(3) $CH_4 + 2O_2 \longrightarrow CO_2 + 2H_2O$ の反応において，CO_2 が 110 g できるときに，必要な CH_4 と O_2 の質量と生成した H_2O の質量を求めなさい。

$CH_4 + 2O_2 \longrightarrow CO_2 + 2H_2O$

物質量の比→(　):(　)　:　(　):(　)

CH_4 ＿＿＿＿ g，O_2 ＿＿＿＿ g，H_2O ＿＿＿＿ g

 化学反応の量的関係を考えるときは，必ず物質量に変換して考える。

2 次の化学反応式をみて，物質量の比を表し，必要な体積を有効数字３桁で求めなさい。

例 **$2CO + O_2 \longrightarrow 2CO_2$ の反応において，CO_2 が 0 ℃，1 気圧（標準状態）において 44.8 L できるときに，消費された CO と O_2 の標準状態における体積を求めなさい。**

解法 $2CO + O_2 \longrightarrow 2CO_2$ 　　CO_2 44.8 L（標準状態）の物質量は，$\frac{44.8}{22.4} = 2.00$ mol

物質量の比→（2）：（1）　：　（2）

COの体積＝CO_2 の物質量×$\frac{\text{CO の係数}}{CO_2 \text{の係数}}$×CO1 molの体積（標準状態）＝$2.00 \times \frac{2}{2} \times 22.4 = 44.8$ L

O_2 の体積＝CO_2 の物質量×$\frac{O_2 \text{の係数}}{CO_2 \text{の係数}}$×$O_2$ 1 mol の体積（標準状態）＝$2.00 \times \frac{1}{2} \times 22.4 = 22.4$ L

答　CO　**44.8 L**，O_2　**22.4 L**

(1) $N_2 + 3H_2 \longrightarrow 2NH_3$ の反応において，NH_3 が 0 ℃，1 気圧（標準状態）において 89.6 L できるときに，消費された N_2 と H_2 の標準状態における体積を求めなさい。

$N_2 + 3H_2 \longrightarrow 2NH_3$

物質量の比→（　）：（　）　：　（　）

N_2 ＿＿＿＿ L，H_2 ＿＿＿＿ L

(2) $2NO + O_2 \longrightarrow 2NO_2$ の反応において，NO_2 が 0 ℃，1 気圧（標準状態）において 33.6 L できるときに，消費された NO と O_2 の標準状態における体積を求めなさい。

$2NO + O_2 \longrightarrow 2NO_2$

物質量の比→（　）：（　）　：　（　）

NO ＿＿＿＿ L，O_2 ＿＿＿＿ L

(3) $CH_4 + 2O_2 \longrightarrow CO_2 + 2H_2O$ の反応において，CO_2 が 0 ℃，1 気圧（標準状態）で 67.2 L できるときに，必要な CH_4 と O_2 の標準状態における体積を求めなさい。

$CH_4 + 2O_2 \longrightarrow CO_2 + 2H_2O$

物質量の比→（　）：（　）　：　（　）：（　）

CH_4 ＿＿＿＿ L，O_2 ＿＿＿＿ L

気体反応において，化学反応式の係数は，反応物・生成物の同温・同圧における気体の体積の比を表している。

13 化学反応の量的関係(3)

1 次の化学反応式をみて，物質量の比を表し，必要な質量および0℃，1気圧(標準状態)における体積を有効数字２桁で求めなさい。

例 $2CO + O_2 \longrightarrow 2CO_2$ の反応において，CO_2 が 88 g できるときに，消費された CO と O_2 の質量および標準状態における体積を求めなさい。

解法 $2CO + O_2 \longrightarrow 2CO_2$　　CO_2 88 g の物質量は，$\frac{88}{44} = 2.0$ mol

物質量の比→（2）：（1）：（2）

CO の質量＝CO_2 の物質量×$\frac{\text{CO の係数}}{CO_2\text{ の係数}}$×CO の分子量＝$2.0 \times \frac{2}{2} \times 28 = 56$ g

CO の体積＝CO_2 の物質量×$\frac{\text{CO の係数}}{CO_2\text{ の係数}}$×CO 1 mol の体積(標準状態)＝$2.0 \times \frac{2}{2} \times 22.4 = 44.8$ L

O_2 の質量＝CO_2 の物質量×$\frac{O_2\text{ の係数}}{CO_2\text{ の係数}}$×$O_2$ の分子量＝$2.0 \times \frac{1}{2} \times 32 = 32$ g

O_2 の体積＝CO_2 の物質量×$\frac{O_2\text{ の係数}}{CO_2\text{ の係数}}$×$O_2$ 1 mol の体積(標準状態)＝$2.0 \times \frac{1}{2} \times 22.4 = 22.4$ L

答 CO の質量 **56 g**，体積 **45 L**，O_2 の質量 **32 g**，体積 **22 L**

(1) $N_2 + 3H_2 \longrightarrow 2NH_3$ の反応において，NH_3 が 68 g できるときに，消費された N_2 と H_2 の質量および標準状態における体積を求めなさい。

$N_2 + 3H_2 \longrightarrow 2NH_3$

物質量の比→(　)：(　)：(　)

N_2 の質量＿＿＿＿g，体積＿＿＿＿L，H_2 の質量＿＿＿＿g，体積＿＿＿＿L

(2) $2H_2 + O_2 \longrightarrow 2H_2O$ の反応において，H_2 が標準状態で 112 L 消費されたときに，消費された O_2 の質量および標準状態における体積を求めなさい。また，生成した H_2O の質量を求めなさい。

$2H_2 + O_2 \longrightarrow 2H_2O$

物質量の比→(　)：(　)：(　)

O_2 の質量＿＿＿＿g，体積＿＿＿＿L，H_2O の質量＿＿＿＿g

化学反応式の量的関係を質量に換算すると，質量保存の法則が成り立っていることがわかる。

原子量　H=1.0，C=12，N=14，O=16，Cl=35.5，Zn=65

2 次の化学反応式を書き，反応に関わる物質の物質量，0℃，1気圧(標準状態)における体積，質量を有効数字2桁で求めなさい。

例 **プロパン C_3H_8 を完全燃焼させると，二酸化炭素と水が生成する。プロパン 88 g を完全燃焼させたとき，次の問いに答えなさい。**

① **この反応を化学反応式で表しなさい。**　　答 $C_3H_8 + 5O_2 \longrightarrow 3CO_2 + 4H_2O$

② **プロパン 88 g の物質量を求めなさい。** C_3H_8 88 g の物質量は，$\frac{88}{44} = 2.0$ mol　答 **2.0 mol**

③ **消費した酸素の物質量を求めなさい。**

O_2 の物質量 $= C_3H_8$ の物質量 $\times \frac{O_2\text{の係数}}{C_3H_8\text{の係数}} = 2.0 \times \frac{5}{1} = 10$ mol　答 **10 mol**

④ **生成した二酸化炭素の標準状態における体積を求めなさい。**

CO_2 の体積 $= C_3H_8$ の物質量 $\times \frac{CO_2\text{の係数}}{C_3H_8\text{の係数}} \times CO_2$ 1 mol の体積(標準状態)

$= 2.0 \times \frac{3}{1} \times 22.4 = 134.4$ L　答 **1.3×10^2 L**

⑤ **生成した水の質量を求めなさい。**

H_2O の質量 $= C_3H_8$ の物質量 $\times \frac{H_2O\text{の係数}}{C_3H_8\text{の係数}} \times H_2O$ の分子量 $= 2.0 \times \frac{4}{1} \times 18 = 144$ g

答 **1.4×10^2 g**

(1) 亜鉛に塩酸を加えると，塩化亜鉛 $ZnCl_2$ と水素が生成する。亜鉛 6.5 g を塩酸と反応させたとき，次の問いに答えなさい。

① この反応を化学反応式で表しなさい。　＿＿＿＿＿＿＿＿

② 亜鉛 6.5 g の物質量を求めなさい。　＿＿＿＿ mol

③ 生成した塩化亜鉛の質量を求めなさい。

＿＿＿＿ g

④ 生成した水素の標準状態における体積を求めなさい。

＿＿＿＿ L

(2) 光合成は，二酸化炭素と水からグルコース $C_6H_{12}O_6$ および酸素を合成する反応である。グルコース 45 g を合成したとき，次の問いに答えなさい。

① この反応を化学反応式で表しなさい。　＿＿＿＿＿＿＿＿

② グルコース 45 g の物質量を求めなさい。

＿＿＿＿ mol

③ 必要な水の質量を求めなさい。

＿＿＿＿ g

④ 発生する酸素の標準状態における体積を求めなさい。

＿＿＿＿ L

！ 水は 0℃，1気圧(標準状態)で固体または液体なので，標準状態における気体の量として計算できない。

14 化学反応の量的関係(4)

1 次の化学反応式を書き，各問いに有効数字２桁で答えなさい。

例 **マグネシウムに塩酸を加えると，塩化マグネシウム $MgCl_2$ と水素が生成する。マグネシウム 1.2 g を 2.0 mol/L 塩酸と反応させるとき，必要な塩酸の体積を，次の手順で求めなさい。**

① **この反応を化学反応式で表しなさい。** 答 $Mg + 2HCl \longrightarrow MgCl_2 + H_2$

② **マグネシウム 1.2 g の物質量を求めなさい。** Mg 1.2 g の物質量は，$\frac{1.2}{24} = 0.050$ mol

答 **0.050 mol**

③ **必要な塩化水素の物質量を求めなさい。**

HCl の物質量＝Mg の物質量×$\frac{\text{HCl の係数}}{\text{Mg の係数}} = 0.050 \times \frac{2}{1} = 0.10$ mol 答 **0.10 mol**

④ **必要な 2.0 mol/L 塩酸の体積を求めなさい。**

求める塩酸の体積を v〔mL〕とすると，$2.0 \times \frac{v}{1000} = 0.10$ $v = 50$ mL 答 **50 mL**

(1) 亜鉛に塩酸を加えると，塩化亜鉛 $ZnCl_2$ と水素が生成する。亜鉛 1.3 g を 2.0 mol/L 塩酸と反応させるとき，必要な塩酸の体積を，次の手順で求めなさい。

① この反応を化学反応式で表しなさい。 ＿＿＿＿＿＿＿＿

② 亜鉛 1.3 g の物質量を求めなさい。

＿＿＿＿ mol

③ 必要な塩化水素の物質量を求めなさい。

＿＿＿＿ mol

④ 必要な 2.0 mol/L 塩酸の体積を求めなさい。

＿＿＿＿ mL

(2) 炭酸カルシウム $CaCO_3$ に塩酸を加えると，塩化カルシウム $CaCl_2$ と水と二酸化炭素が生成する。炭酸カルシウム 2.0 g を 1.0 mol/L 塩酸とちょうど反応させるとき，必要な塩酸の体積，および生成する塩化カルシウムのモル濃度を，次の手順で求めなさい。ただし，反応の前後で水溶液の体積は変わらないものとする。

① この反応を化学反応式で表しなさい。 ＿＿＿＿＿＿＿＿

② $CaCO_3$ 2.0 g の物質量を求めなさい。

＿＿＿＿ mol

③ 必要な塩化水素，および生成する $CaCl_2$ の物質量を求めなさい。

HCl の物質量＿＿＿＿ mol，$CaCl_2$ の物質量＿＿＿＿ mol

④ 必要な 1.0 mol/L 塩酸の体積を求めなさい。

＿＿＿＿ mL

 ☑ モル濃度(体積モル濃度)は溶液 1 L に含まれる，溶質の物質量を表している。

⑤　③，④より生成する $CaCl_2$ の濃度を求めなさい。

＿＿＿＿＿＿＿＿ mol/L

2　次の化学反応式を書き，各問いに有効数字２桁で答えなさい。

例　**マグネシウムに塩酸を加えると，塩化マグネシウム $MgCl_2$ と水素が生成する。マグネシウム 0.24 g を 2.0 mol/L 塩酸 50 mL と反応させた。発生した水素の 0 ℃，1 気圧（標準状態）における体積および反応せずに残った物質とその物質量を，次の手順で求めなさい。**

①　**この反応を化学反応式で表しなさい。**　答　$Mg + 2HCl \longrightarrow MgCl_2 + H_2$

②　**マグネシウム 0.24 g，および 2.0 mol/L 塩酸 50 mL に含まれる HCl の物質量を求めなさい。**

答　Mg の物質量：$\frac{0.24}{24} = \mathbf{0.010\ mol}$　　HCl の物質量：$2.0 \times \frac{50}{1000} = \mathbf{0.10\ mol}$

③　**完全に反応する物質はどちらか書きなさい。**　答　マグネシウム

④　**発生した水素の標準状態における体積を求めなさい。**

H_2 の物質量＝Mg の物質量×$\frac{H_2\text{の係数}}{Mg\text{の係数}}$×$H_2$ 1 mol の体積（標準状態）

$= 0.010 \times \frac{1}{1} \times 22.4 = 0.22\cancel{4}\ L$　　答　**0.22 L**

⑤　**残った物質とその物質量を求めなさい。**

反応した HCl の物質量は，Mg の物質量×$\frac{HCl\text{の係数}}{Mg\text{の係数}}$$= 0.010 \times \frac{2}{1} = 0.020\ mol$　　よって，残った物質は HCl で，その物質量は，$0.10 - 0.020 = 0.080\ mol$　　答　HCl が **0.080 mol**

(1)　炭酸カルシウム $CaCO_3$ に塩酸を加えると，塩化カルシウム $CaCl_2$ と水と二酸化炭素が生成する。炭酸カルシウム 4.0 g を 1.0 mol/L 塩酸 60 mL と反応させたとき，生成する二酸化炭素の標準状態における体積と水の質量，さらに残った物質の物質量を次の手順で求めなさい。ただし，反応の前後で水溶液の体積は変わらないものとする。

①　この反応を化学反応式で表しなさい。　＿＿＿＿＿＿＿＿

②　$CaCO_3$ 4.0 g の物質量および 1.0 mol/L 塩酸 60 mL に含まれる HCl の物質量を求めなさい。

$CaCO_3$ の物質量＿＿＿＿ mol，HCl の物質量＿＿＿＿ mol

③　完全に反応する物質はどちらか書きなさい。　＿＿＿＿＿＿＿＿

④　生成する二酸化炭素の標準状態における体積と水の質量を求めなさい。

CO_2 の体積＿＿＿＿ L，H_2O の質量＿＿＿＿ g

⑤　残った物質とその物質量を求めなさい。

＿＿＿＿ が ＿＿＿＿ mol

周期表ドリル

1 次の表の空欄をうめ，周期表を完成させなさい。

族＼周期	1	2	3	4	5	6	7	8	9	10	11	12	13	14	15	16	17	18
1																		
2																		
3																		
4			Sc	Ti	V	Cr	Mn		Co				Ga	Ge	As	Se		
			スカンジウム		バナジウム			鉄		ニッケル	銅	亜鉛	ガリウム	ゲルマニウム	ヒ素	セレン	臭素	クリプトン
5	Rb	Sr	Y	Zr	Nb	Mo	Tc	Ru	Rh	Pd			In	Sn	Sb	Te	I	
			イットリウム	ジルコニウム	ニオブ	モリブデン	テクネチウム	ルテニウム	ロジウム	パラジウム	銀	カドミウム	インジウム		アンチモン	テルル		キセノン
6	Cs	Ba	La-Lu	Hf	Ta	W	Re	Os	Ir				Tl	Pb	Bi	Po	At	Rn
			ランタノイド	ハフニウム	タンタル	タングステン	レニウム	オスミウム	イリジウム	白金	金	水銀	タリウム		ビスマス	ポロニウム	アスタチン	
7	Fr	Ra	Ac-Lr	Rf	Db	Sg	Bh	Hs	Mt	Ds	Rg	Cn	Nh	Fl	Mc	Lv	Ts	Og
			アクチノイド	ラザホージウム	ドブニウム	シーボーギウム	ボーリウム	ハッシウム	マイトネリウム	ダームスタチウム	レントゲニウム	コペルニシウム		フレロビウム	モスコビウム	リバモリウム	テネシン	オガネソン

2 次の表の空欄をうめ，周期表を完成させなさい。

族 / 周期	1	2	3	4	5	6	7	8	9	10	11	12	13	14	15	16	17	18
1																		
2																		
3																		
4			Sc		V			Fe		Ni	Cu	Zn	Ga	Ge	As	Se	Br	Kr
			スカンジウム	チタン	バナジウム	クロム	マンガン		コバルト				ガリウム	ゲルマニウム	ヒ素	セレン		
5			Y	Zr	Nb	Mo	Tc	Ru	Rh	Pd	Ag	Cd	In		Sb	Te		Xe
	ルビジウム	ストロンチウム	イットリウム	ジルコニウム	ニオブ	モリブデン	テクネチウム	ルテニウム	ロジウム	パラジウム			インジウム	スズ	アンチモン	テルル	ヨウ素	
6			La-Lu	Hf	Ta	W	Re	Os	Ir	Pt	Au	Hg	Tl		Bi	Po	At	
	セシウム	バリウム	ランタノイド	ハフニウム	タンタル	タングステン	レニウム	オスミウム	イリジウム				タリウム	鉛	ビスマス	ポロニウム	アスタチン	ラドン
7			Ac-Lr	Rf	Db	Sg	Bh	Hs	Mt	Ds	Rg	Cn		Fl	Mc	Lv	Ts	Og
	フランシウム	ラジウム	アクチノイド	ラザホージウム	ドブニウム	シーボーギウム	ボーリウム	ハッシウム	マイトネリウム	ダームスタチウム	レントゲニウム	コペルニシウム	ニホニウム	フレロビウム	モスコビウム	リバモリウム	テネシン	オガネソン

検印欄

／	／	／	／	／	／
／	／	／	／	／	／
／	／	／	／	／	／
／	／	／	／	／	／
／	／	／	／	／	／
／	／	／	／	／	／
／	／	／	／	／	／

年　　組　　番 名前

リピート＆チャージ化学基礎ドリル
物質量と化学反応式

解答編

実教出版

24(02)

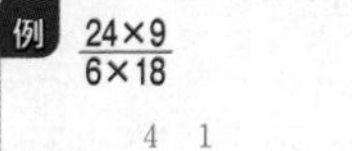

計算問題(1)

1 次の分数で表される式を計算し，整数または小数で表しなさい。

例 $\dfrac{24\times9}{6\times18}$

解法 $\dfrac{\cancel{24}^{4}\times\cancel{9}^{1}}{\cancel{6}_{1}\times\cancel{18}_{2}}=\dfrac{4}{2}=2$

答 2

(1) $\dfrac{36\times27}{9\times12}$

$\dfrac{\cancel{36}^{3}\times\cancel{27}^{3}}{\cancel{9}_{1}\times\cancel{12}_{1}}=\dfrac{3\times3}{1}=9$

9

(2) $\dfrac{3.6\times2.7}{1.8\times6}$ 分子と分母を 100 倍する。

$\dfrac{3.6\times2.7}{1.8\times6}=\dfrac{\cancel{36}^{6}\times\cancel{27}^{3}}{\cancel{18}_{2}\times\cancel{6}_{1}\times10}=\dfrac{\cancel{6}^{3}\times3}{\cancel{2}_{1}\times10}=\dfrac{9}{10}=0.9$

0.9

(3) $\dfrac{1.6\times1.2\times(0.2+1.6)}{2.4\times4.8}$ 分子と分母を 1000 倍する。

$=\dfrac{\cancel{16}^{1}\times\cancel{12}^{1}\times18}{\cancel{24}_{2}\times\cancel{48}_{3}\times10}=\dfrac{1\times1\times\cancel{18}^{\cancel{9}\,3}}{\cancel{2}_{1}\times\cancel{3}_{1}\times10}=\dfrac{3}{10}=0.30$

0.30

(4) $\dfrac{7.5\times2.7\times(1.2-0.3)}{0.81\times1.5}$ 分子と分母を 1000 倍する。

$=\dfrac{\cancel{75}^{5}\times\cancel{27}^{1}\times9}{\cancel{81}_{3}\times\cancel{15}_{1}}=\dfrac{5\times1\times\cancel{9}^{3}}{\cancel{3}_{1}\times1}=\dfrac{5\times1\times3}{1}=15$

15

(5) $\dfrac{4.5\times6.0\times4.9}{(4.0+2.3)\times3.5\times2.4}$ 分子と分母を 1000 倍する。

$=\dfrac{\cancel{45}^{\cancel{9}\,1}\times60\times49}{\cancel{63}_{7}\times\cancel{35}_{7}\times24}=\dfrac{1\times\cancel{60}^{5}\times\cancel{49}^{1}}{\cancel{7}_{1}\times\cancel{7}_{1}\times\cancel{24}_{2}}=\dfrac{5}{2}=2.5$

2.5

2 次の分数を小数で表しなさい。

例 $\dfrac{10}{25}$

解法 $\dfrac{10}{25}=\dfrac{40}{100}=0.4$

分母を 100 にすると解きやすいので，分子と分母を 4 倍する。

答 0.4

(1) $\dfrac{3}{25}$

$\dfrac{3}{25}=\dfrac{12}{100}=0.12$ 分子と分母を 4 倍する。

0.12

(2) $\dfrac{1500}{10000}$

$\dfrac{15\cancel{00}}{100\cancel{00}}=\dfrac{15}{100}=0.15$ 分子と分母を 0.01 倍する。

0.15

(3) $\dfrac{0.9}{12.5}$

$\dfrac{0.9}{12.5}=\dfrac{7.2}{100}=0.072$ 分子と分母を 8 倍する。

0.072

(4) $\dfrac{3.5}{20}$

$\dfrac{3.5}{20}=\dfrac{17.5}{100}=0.175$ 分子と分母を 5 倍する。

0.175

(5) $\dfrac{23000}{500000}$

$\dfrac{23\cancel{000}}{500\cancel{000}}=\dfrac{23}{500}=\dfrac{4.6}{100}=0.046$

分子と分母を 0.001 倍し，その後 0.2 倍する。

0.046

3 次の x の値を求めなさい。

例 $2:3=100:x$

解法 $2\times x=3\times100$ より

$x=3\times100\times\dfrac{1}{2}=150$

答 150

例 $\dfrac{2}{3}=\dfrac{100}{x}$

解法 $2\times x=3\times100$ より

$x=3\times100\times\dfrac{1}{2}=150$

答 150

(1) $x:12=3:4$

$x\times4=12\times3$ より

$x=12\times3\times\dfrac{1}{4}=9$

9

(2) $9:x=3:5$

$x\times3=9\times5$ より

$x=9\times5\times\dfrac{1}{3}=15$

15

(3) $x:a=b:c$

$x\times c=a\times b$ より

$x=a\times b\times\dfrac{1}{c}=\dfrac{ab}{c}$

$\dfrac{ab}{c}$

(4) $\dfrac{x}{12}=\dfrac{3}{4}$

$x\times4=12\times3$ より

$x=12\times3\times\dfrac{1}{4}=9$

9

(5) $\dfrac{9}{x}=\dfrac{3}{5}$

$x\times3=9\times5$ より

$x=9\times5\times\dfrac{1}{3}=15$

15

(6) $\dfrac{x}{a}=\dfrac{b}{c}$

$x\times c=a\times b$ より

$x=a\times b\times\dfrac{1}{c}=\dfrac{ab}{c}$

$\dfrac{ab}{c}$

4 次の問いに答えなさい。

例 15％の食塩水は，100 g の水溶液に 15 g の食塩が溶けている。この食塩水 20 g に溶けている食塩は何 g か。

解法 求める食塩の質量を x〔g〕とする。

100 g：15 g＝20 g：x〔g〕

$100\times x=15\times20$ より

$x=15\times20\times\dfrac{1}{100}=3.0$

答 3.0 g

(1) 酸素 22.4 L の質量は 32 g である。酸素 2.8 L の質量は何 g か。

求める酸素の質量を x〔g〕とする。

22.4 L：32 g＝2.8 L：x〔g〕

$22.4\times x=32\times2.8$ より

$x=32\times2.8\times\dfrac{1}{22.4}=4.0$

4.0 g

(2) 炭素 12 g が完全に燃焼するのに必要な酸素は 32 g である。炭素 3 g が完全に燃焼するのに必要な酸素は何 g か。

求める酸素の質量を x〔g〕とする。

12 g：32 g＝3 g：x〔g〕

$12\times x=32\times3$ より

$x=32\times3\times\dfrac{1}{12}=8$

8 g

(3) 5 cm^3 の鉄の質量は 39.5 g である。鉄板 100 cm^3 の質量は何 g か。

求める鉄板の質量を x〔g〕とする。

5 cm^3：39.5 g＝100 cm^3：x〔g〕

$5\times x=39.5\times100$ より

$x=39.5\times100\times\dfrac{1}{5}=790$

790 g

化学であつかう数値は，値の大小を比較するため，分数ではなく小数を用いる。

「$a:b=c:d$」も「$\frac{a}{b}=\frac{c}{d}$」も「$a\times d=b\times c$」として考える。

2 計算問題(2)

1 次の数値を $A\times10^{B}$ という形で表しなさい。ただし，[ ]内は有効数字の桁数を表す。

例 12500 [2]

解法 $12500=1.25\times10\times10\times10\times10$

$=1.25\times10^{4}$

答 1.3×10^{4}

(1) 1230 [2]

$=1.23\times10\times10\times10 \fallingdotseq 1.23\times10^{3}$

1.2×10^{3}

(2) 0.0125 [2]

$=1.25\times\frac{1}{10}\times\frac{1}{10}\fallingdotseq1.25\times10^{-2}$

1.3×10^{-2}

(3) 41692670 [3]

$\fallingdotseq4.169\times10^{7}$

4.17×10^{7}

(4) 41692670 [5]

$\fallingdotseq4.16926\times10^{7}$

4.1693×10^{7}

(5) 0.00935831 [3]

$\fallingdotseq9.358\times10^{-3}$

9.36×10^{-3}

(6) 0.00935831 [2]

$\fallingdotseq9.35\times10^{-3}$

9.4×10^{-3}

(7) 6.02214129×10^{23} [3]

$\fallingdotseq6.022\times10^{23}$

6.02×10^{23}

2 次の計算式の答えを有効数字２桁で表しなさい。

例 $1.66+2.0+7.37-4.54$

解法 $11.03-4.54=6.49\fallingdotseq6.5$

加法・減法の場合，計算後に，有効数字の末位が最も高いものにあわせる。すなわち，この問題の場合，小数第２位を四捨五入して，小数第１位までを答えとする。

答 6.5

例 $2.0\times22.4\times3.48\div5.6$

解法 $\frac{2.0\times22.4\times3.48}{5.6}=27.84\fallingdotseq28$

乗法・除法の場合，計算後に，有効数字の桁数の最も少ないものにあわせる。

答 28

(1) $3.24-5.76+8.9$

$=-2.52+8.9=6.38\fallingdotseq6.4$

6.4

(2) $3.0+1.87-2.7$

$=4.87-2.7=2.17\fallingdotseq2.2$

2.2

(3) $2.421+0.634-7.4$

$=3.055-7.4=-4.345$

-4.3

(4) $1.25\times10.5\div3.5$

$=\frac{1.25\times10.5}{3.5}=3.75\fallingdotseq3.8$

3.8

(5) $1.013\times10^{5}\times22.4\div273\div1.0$

$=\frac{1.013\times10^{5}\times22.4}{273\times1.0}$

$=8.31\cdots\cdots\times10^{3}\fallingdotseq8.3\times10^{3}$

8.3×10^{3}

(6) $9.72\times6.02\times10^{23}\times3.0\div2.7$

$=\frac{9.72\times6.02\times10^{23}\times3.0}{2.7}$

$=65.016\times10^{23}\fallingdotseq6.5\times10^{24}$

6.5×10^{24}

3 次の数値を，(1)〜(4)は $A\times10^{B}$ の形，(5)〜(7)は $A\times10^{-B}$ の形で表しなさい。ただし，答えは有効数字２桁で表すこと。

例 20000 [$A\times10^{B}$ の形]

解法 $20000=2.0\times10\times10\times10\times10$

$=2.0\times10^{4}$

答 2.0×10^{4}

例 0.00020 [$A\times10^{-B}$ の形]

解法 $0.00020=2.0\times\frac{1}{10}\times\frac{1}{10}\times\frac{1}{10}\times\frac{1}{10}$

$=2.0\times\frac{1}{10^{4}}$

$=2.0\times10^{-4}$

答 2.0×10^{-4}

(1) 3500

$=3.5\times10\times10\times10$

$=3.5\times10^{3}$

3.5×10^{3}

(2) 96500

$=9.65\times10\times10\times10\times10$

$\fallingdotseq9.7\times10^{4}$

9.7×10^{4}

(3) 60200000000

$=6.02\times10^{10}$

$\fallingdotseq6.0\times10^{10}$

6.0×10^{10}

(4) 1015×10^{2}

$=1.015\times10^{5}$

$\fallingdotseq1.0\times10^{5}$

1.0×10^{5}

(5) 0.035

$=3.5\times\frac{1}{10}\times\frac{1}{10}$

$=3.5\times\frac{1}{10^{2}}$

$=3.5\times10^{-2}$

3.5×10^{-2}

(6) 0.000734

$=7.34\times\frac{1}{10}\times\frac{1}{10}\times\frac{1}{10}\times\frac{1}{10}$

$\fallingdotseq7.3\times10^{-4}$

7.3×10^{-4}

(7) 0.00000008932

$=8.932\times\frac{1}{10^{8}}$

$\fallingdotseq8.9\times10^{-8}$

8.9×10^{-8}

4 次の計算式の答えを有効数字２桁で表しなさい。

例 $(3.0\times10^{3})\times(5.0\times10^{4})$

解法 $3.0\times5.0\times10^{3+4}$

$=15\times10^{7}$

$=1.5\times10^{8}$

答 1.5×10^{8}

(1) $(2.5\times10^{3})\times(3.0\times10^{4})$

$=2.5\times3.0\times10^{3+4}$

$=7.5\times10^{7}$

7.5×10^{7}

(2) $(1.2\times10^{9})\div(3.0\times10^{4})$

$=1.2\div3.0\times10^{9-4}$

$=0.40\times10^{5}$

$=4.0\times10^{4}$

4.0×10^{4}

(3) $(1.5\times10^{5})\times(5.0\times10^{-9})$

$=1.5\times5.0\times10^{5-9}$

$=7.5\times10^{-4}$

7.5×10^{-4}

(4) $(3.2\times10^{9})\div(4.0\times10^{-4})$

$=3.2\div4.0\times10^{9-(-4)}$

$=0.80\times10^{13}$

$=8.0\times10^{12}$

8.0×10^{12}

(5) $(1.6\times10^{-9})\div(4.0\times10^{-4})$

$=1.6\div4.0\times10^{-9-(-4)}$

$=0.40\times10^{-5}$

$=4.0\times10^{-6}$

4.0×10^{-6}

3 原子量・分子量・式量(1)

Check!

- □ **原子の相対質量**…質量数12の炭素原子^{12}Cの相対質量を12(基準)とした原子の質量。
- □ **原子量**…同位体の相対質量と存在比によって得られる相対質量の平均値。
- □ **分子量**…分子中にある原子の原子量の総和。
- □ **式量**…イオンでできている物質や金属における組成式や，イオン式中にある原子の原子量の総和。
- □ **原子量の概数値**…通常の計算に用いる原子量の値。(右ページ上に記載)

1 ^{12}Cの質量を2.00×10^{-23} g として，次の問いに答えなさい。ただし，解答は有効数字3桁で表すこと。

例 ^{1}Hの質量を1.67×10^{-24} g として，^{1}H原子の相対質量を求めなさい。

解法 求める^{1}Hの相対質量をxとする。

$x=\dfrac{1.67\times10^{-24}}{2.00\times10^{-23}}\times12$

$=1.002\fallingdotseq1.00$

答 1.00

(1) ^{14}Nの質量を2.33×10^{-23} g として，^{14}N原子の相対質量を求めなさい。

求める^{14}Nの相対質量をxとする。

$x=\dfrac{2.33\times10^{-23}}{2.00\times10^{-23}}\times12$

$=13.98\fallingdotseq14.0$

14.0

(2) ^{16}Oの質量を2.66×10^{-23} g として，^{16}O原子の相対質量を求めなさい。

求める^{16}Oの相対質量をxとする。

$x=\dfrac{2.66\times10^{-23}}{2.00\times10^{-23}}\times12$

$=15.96\fallingdotseq16.0$

16.0

(3) ^{13}Cの質量を2.16×10^{-23} g として，^{13}C原子の相対質量を求めなさい。

求める^{13}Cの相対質量をxとする。

$x=\dfrac{2.16\times10^{-23}}{2.00\times10^{-23}}\times12$

$=12.96\fallingdotseq13.0$

13.0

2 原子量について，次の問いに答えなさい。ただし，解答は小数第1位まで求めること。

例 炭素は^{12}C(相対質量12.0)が99.0%，^{13}C(相対質量13.0)が1.0%存在する。炭素の原子量を求めなさい。

解法 $12.0\times\dfrac{99.0}{100}+13.0\times\dfrac{1.0}{100}$

$=12.01\fallingdotseq12.0$

答 12.0

(1) ホウ素は^{10}B(相対質量10.0)が20.0%，^{11}B(相対質量11.0)が80.0%存在する。ホウ素の原子量を求めなさい。

$10.0\times\dfrac{20.0}{100}+11.0\times\dfrac{80.0}{100}$

$=10.8$

10.8

(2) 塩素は^{35}Cl(相対質量35.0)が75.0%，^{37}Cl(相対質量37.0)が25.0%存在する。塩素の原子量を求めなさい。

$35.0\times\dfrac{75.0}{100}+37.0\times\dfrac{25.0}{100}$

$=35.5$

35.5

(3) 銅は^{63}Cu(相対質量63.0)が70.0%，^{65}Cu(相対質量65.0)が30.0%存在する。銅の原子量を求めなさい。

$63.0\times\dfrac{70.0}{100}+65.0\times\dfrac{30.0}{100}$

$=63.6$

63.6

1803年に初めて原子量を測定したのはドルトン(1766〜1844)で，このとき水素の原子量を1とした。

3 上にある原子量の概数値を用いて，次の分子の分子量を求めなさい。

例 水 H_2O

解法 $1.0\times2+16=18$

答 18

(1) 水素 H_2
$1.0\times2=2.0$
2.0

(2) 窒素 N_2
$14\times2=28$
28

(3) 酸素 O_2
$16\times2=32$
32

(4) 塩素 Cl_2
$35.5\times2=71$
71

(5) ヨウ素 I_2
$127\times2=254$
254

(6) 塩化水素 HCl
$1.0+35.5=36.5$
36.5

(7) フッ化水素 HF
$1.0+19=20$
20

(8) ヨウ化水素 HI
$1.0+127=128$
128

(9) 一酸化炭素 CO
$12+16=28$
28

(10) 一酸化窒素 NO
$14+16=30$
30

(11) 二酸化炭素 CO_2
$12+16\times2=44$
44

(12) 二酸化窒素 NO_2
$14+16\times2=46$
46

(13) 二酸化硫黄 SO_2
$32+16\times2=64$
64

(14) 硫化水素 H_2S
$1.0\times2+32=34$
34

(15) アンモニア NH_3
$14+1.0\times3=17$
17

(16) メタン CH_4
$12+1.0\times4=16$
16

(17) 硝酸 HNO_3
$1.0+14+16\times3=63$
63

(18) プロパン C_3H_8
$12\times3+1.0\times8=44$
44

(19) 硫酸 H_2SO_4
$1.0\times2+32+16\times4=98$
98

(左ページの続き)その後，ベルセリウスは酸素の原子量を100とし，さらにスタスは酸素16を基準とした。現在では$^{12}C=12$が基準となっている。

4 原子量・分子量・式量(2)

☑ Check!

□ イオンの化学式の式量

イオンでできている物質の場合，イオンの化学式中にある原子の原子量の総和で相対質量を表す。電子の質量は原子全体の質量と比べて非常に小さいので，イオンの電荷に関係なくもとの原子の原子量をそのまま用いることができる。

□ 組成式の式量

イオンの化学式と同様に，組成式中にある原子の原子量の総和で相対質量を表す。

1 次の単原子イオンの式量を求めなさい。

例 ナトリウムイオン Na^+
解法 Na^+ の式量＝Na の原子量
答 23

(1) カリウムイオン K^+
39

(2) 塩化物イオン Cl^-
35.5

(3) アルミニウムイオン Al^{3+}
27

(4) 酸化物イオン O^{2-}
16

(5) カルシウムイオン Ca^{2+}
40

(6) 鉄(Ⅱ)イオン Fe^{2+}
56

(7) 鉄(Ⅲ)イオン Fe^{3+}
56

(8) 銅(Ⅱ)イオン Cu^{2+}
64

(9) 銀イオン Ag^+
108

2 次の多原子イオンの式量を求めなさい。

例 水酸化物イオン OH^-
解法 16＋1.0＝17
答 17

(1) アンモニウムイオン NH_4^+
14＋1.0×4＝18
18

(2) 硝酸イオン NO_3^-
14＋16×3＝62
62

(3) 硫酸イオン SO_4^{2-}
32＋16×4＝96
96

(4) 炭酸イオン CO_3^{2-}
12＋16×3＝60
60

(5) リン酸イオン PO_4^{3-}
31＋16×4＝95
95

分子式で表される物質は「分子量」を用いる。組成式・イオンの化学式で表される物質は「式量」を用いる。

H＝1.0，C＝12，N＝14，O＝16，F＝19，Na＝23，Al＝27，P＝31，S＝32，Cl＝35.5，K＝39，Ca＝40，Fe＝56，Cu＝64，Ag＝108

3 次の物質の式量を求めなさい。

例 塩化ナトリウム NaCl
解法 23＋35.5＝58.5
答 58.5

(1) 水酸化ナトリウム NaOH
23＋16＋1.0＝40
40

(2) 水酸化カルシウム $Ca(OH)_2$
40＋(16＋1.0)×2＝74
74

(3) 塩化カリウム KCl
39＋35.5＝74.5
74.5

(4) 塩化カルシウム $CaCl_2$
40＋35.5×2＝111
111

(5) 水酸化カリウム KOH
39＋16＋1.0＝56
56

(6) 水酸化鉄(Ⅲ) $Fe(OH)_3$
56＋(16＋1.0)×3＝107
107

(7) 硫化鉄(Ⅱ) FeS
56＋32＝88
88

(8) 酸化カルシウム CaO
40＋16＝56
56

(9) 酸化銅(Ⅱ) CuO
64＋16＝80
80

(10) 酸化アルミニウム Al_2O_3
27×2＋16×3＝102
102

(11) フッ化カルシウム CaF_2
40＋19×2＝78
78

(12) 硝酸ナトリウム $NaNO_3$
23＋14＋16×3＝85
85

(13) 酸化鉄(Ⅲ) Fe_2O_3
56×2＋16×3＝160
160

(14) 硫酸ナトリウム Na_2SO_4
23×2＋32＋16×4＝142
142

(15) 硝酸カリウム KNO_3
39＋14＋16×3＝101
101

(16) 硫酸銅(Ⅱ) $CuSO_4$
64＋32＋16×4＝160
160

(17) 硫酸カルシウム $CaSO_4$
40＋32＋16×4＝136
136

(18) 硫酸アルミニウム $Al_2(SO_4)_3$
27×2＋(32＋16×4)×3＝342
342

(19) 硫酸鉄(Ⅲ) $Fe_2(SO_4)_3$
56×2＋(32＋16×4)×3＝400
400

原子量の概数値は，問題によって数値が異なるので，注意する。(例 Cu＝63.5，Cu＝64)

5 物質量(1)

1 次の物質の物質量を有効数字２桁で答えなさい。

例 炭素原子 3.0×10^{23} 個の物質量

×÷ 物質量〔mol〕$=\dfrac{粒子の数}{6.0\times10^{23}/mol}$

解法 $\dfrac{3.0\times10^{23}}{6.0\times10^{23}/mol}$
$=0.50$ mol　　答 **0.50 mol**

(1) アルミニウム原子 6.0×10^{23} 個の物質量

$\dfrac{6.0\times10^{23}}{6.0\times10^{23}/mol}$
$=1.0$ mol　　1.0 mol

(2) マグネシウム原子 1.2×10^{23} 個の物質量

$\dfrac{1.2\times10^{23}}{6.0\times10^{23}/mol}$
$=0.20$ mol　　0.20 mol

(3) アンモニア分子 1.8×10^{24} 個の物質量

$\dfrac{1.8\times10^{24}}{6.0\times10^{23}/mol}$
$=3.0$ mol　　3.0 mol

(4) 酸素原子 3.0×10^{24} 個の物質量

$\dfrac{3.0\times10^{24}}{6.0\times10^{23}/mol}$
$=5.0$ mol　　5.0 mol

(5) 塩化物イオン 9.0×10^{23} 個の物質量

$\dfrac{9.0\times10^{23}}{6.0\times10^{23}/mol}$
$=1.5$ mol　　1.5 mol

(6) カリウムイオン 1.5×10^{24} 個の物質量

$\dfrac{1.5\times10^{24}}{6.0\times10^{23}/mol}$
$=2.5$ mol　　2.5 mol

(7) 鉄原子 2.4×10^{24} 個の物質量

$\dfrac{2.4\times10^{24}}{6.0\times10^{23}/mol}$
$=4.0$ mol　　4.0 mol

(8) 硫酸イオン 3.6×10^{23} 個の物質量

$\dfrac{3.6\times10^{23}}{6.0\times10^{23}/mol}$
$=0.60$ mol　　0.60 mol

2 次の粒子の数を有効数字２桁で答えなさい。

例 炭素 0.50 mol 中に含まれる炭素原子の数

×÷ 粒子の数
$=$物質量〔mol〕$\times6.0\times10^{23}$/mol

解法 $0.50\text{mol}\times6.0\times10^{23}$/mol
$=3.0\times10^{23}$ 個

答 **3.0×10^{23} 個**

(1) 酸素 1.0 mol 中に含まれる酸素分子の数

1.0 mol $\times6.0\times10^{23}$/mol
$=6.0\times10^{23}$ 個

6.0×10^{23} 個

(2) 銀 2.5 mol 中に含まれる銀原子の数

2.5 mol $\times6.0\times10^{23}$/mol
$=1.5\times10^{24}$ 個

1.5×10^{24} 個

例 ナトリウムイオン 2.0 mol の数

解法 2.0 mol $\times6.0\times10^{23}$/mol
$=1.2\times10^{24}$ 個

答 **1.2×10^{24} 個**

(3) カリウムイオン 1.3 mol の数

1.3 mol $\times6.0\times10^{23}$/mol
$=7.8\times10^{23}$ 個

7.8×10^{23} 個

(4) 硫化物イオン 8.5 mol の数

8.5 mol $\times6.0\times10^{23}$/mol
$=5.1\times10^{24}$ 個

5.1×10^{24} 個

「アボガドロ定数」は，イタリア出身の化学者アメデオ・アボガドロ(1776～1856)にちなんで名づけられた。

3 次の物質量を有効数字２桁で答えなさい。

例 酸素分子 1.0 mol 中に含まれる酸素原子の物質量

解法 1分子の O_2 中には2個の酸素原子がある。
よって，O_2 1.0 mol 中に含まれる酸素原子の物質量は，次のようになる。
1.0 mol $\times2=2.0$ mol

答 **2.0 mol**

(1) アンモニア分子 2.0 mol 中に含まれる水素原子の物質量

1分子の NH_3 中には3個の水素原子がある。
2.0 mol $\times3=6.0$ mol

6.0 mol

(2) 硫酸分子 2.5 mol 中に含まれる酸素原子の物質量

1分子の H_2SO_4 中には4個の酸素原子がある。
2.5 mol $\times4=10$ mol

10 mol

(3) 水酸化カルシウム 0.50 mol 中に含まれる水酸化物イオンの物質量

$Ca(OH)_2$ 中には2個の水酸化物イオンがある。
0.50 mol $\times2=1.0$ mol

1.0 mol

(4) 塩化銅(Ⅱ)2.3 mol 中に含まれる塩化物イオンの物質量

$CuCl_2$ 中には2個の塩化物イオンがある。
2.3 mol $\times2=4.6$ mol

4.6 mol

(5) 硫酸銅(Ⅱ)五水和物 $CuSO_4\cdot5H_2O$ 1.0 mol 中に含まれる水分子の物質量

$CuSO_4\cdot5H_2O$ 中には5個の水分子がある。
1.0 mol $\times5=5.0$ mol

5.0 mol

4 次の粒子の数を有効数字２桁で答えなさい。

例 二酸化炭素分子 1.0 mol 中に含まれる酸素原子の数

解法 CO_2 1.0 mol 中に含まれる酸素原子の物質量は 2.0 mol である。
よって，その個数は次のようになる。
2.0 mol $\times6.0\times10^{23}$/mol $=1.2\times10^{24}$ 個

答 **1.2×10^{24} 個**

(1) アンモニア分子 2.0 mol 中に含まれる水素原子の数

NH_3 2.0 mol 中の水素原子の物質量は 6.0 mol である。
6.0 mol $\times6.0\times10^{23}$/mol $=3.6\times10^{24}$ 個

3.6×10^{24} 個

(2) 水酸化カルシウム 0.50 mol 中に含まれる水酸化物イオンの数

$Ca(OH)_2$ 0.50 mol 中には 1.0 mol の水酸化物イオンがある。
1.0 mol $\times6.0\times10^{23}$/mol $=6.0\times10^{23}$ 個

6.0×10^{23} 個

(3) 硫酸銅(Ⅱ)五水和物 $CuSO_4\cdot5H_2O$ 1.0 mol 中に含まれる水分子の数

$CuSO_4\cdot5H_2O$ 1.0 mol 中には 5.0 mol の水分子がある。
5.0 mol $\times6.0\times10^{23}$/mol $=3.0\times10^{24}$ 個

3.0×10^{24} 個

アボガドロ定数の決定には日本の測定技術が貢献しており，そのレベルは世界的に見ても非常に高い。

6 物質量(2)

1 次の物質の質量を有効数字２桁で答えなさい。

例　炭素 C 0.50 mol の質量
解法　炭素原子 C の原子量は 12 より，モル質量は 12 g/mol となる。
よって，求める質量は次のようになる。
質量〔g〕＝モル質量〔g/mol〕×物質量〔mol〕
12 g/mol×0.50 mol
＝6.0 g
答　**6.0 g**

(1) アルミニウム Al 2.0 mol の質量
27 g/mol×2.0 mol＝54 g
54 g

(2) マグネシウム Mg 3.0 mol の質量
24 g/mol×3.0 mol＝72 g
72 g

(3) 鉄 Fe 1.5 mol の質量
56 g/mol×1.5 mol＝84 g
84 g

(4) 銅 Cu 0.25 mol の質量
64 g/mol×0.25 mol＝16 g
16 g

(5) アルゴン Ar 0.75 mol の質量
40 g/mol×0.75 mol＝30 g
30 g

例　二酸化炭素 CO_2 1.0 mol の質量
解法　二酸化炭素 CO_2 の分子量は
12＋16×2＝44 であるから，モル質量は 44 g/mol となる。
よって，求める質量は次のようになる。
44 g/mol×1.0 mol
＝44 g
答　**44 g**

(6) 塩素 Cl_2 0.20 mol の質量
Cl_2 の分子量は，35.5×2＝71
71 g/mol×0.20 mol＝14.2 g≒14 g
14 g

(7) 硫酸 H_2SO_4 0.10 mol の質量
H_2SO_4 の分子量は，1.0×2＋32＋16×4＝98
98 g/mol×0.10 mol＝9.8 g
9.8 g

(8) 炭酸カルシウム $CaCO_3$ 2.5 mol の質量
$CaCO_3$ の式量は，40＋12＋16×3＝100
100 g/mol×2.5 mol＝250 g＝2.5×10^2 g
2.5×10^2 g

(9) 水酸化ナトリウム NaOH 3.0 mol の質量
NaOH の式量は，23＋16＋1.0＝40
40 g/mol×3.0 mol＝120 g＝1.2×10^2 g
1.2×10^2 g

(10) 塩化アンモニウム NH_4Cl 2.0 mol の質量
NH_4Cl の式量は，14＋1.0×4＋35.5＝53.5
53.5 g/mol×2.0 mol＝107 g≒1.1×10^2 g
1.1×10^2 g

2 次の物質の物質量を有効数字２桁で答えなさい。

例　炭素 C 24 g の物質量
解法　炭素原子 C の原子量は 12 であるから，モル質量は 12 g/mol となる。
よって，求める物質量は次のようになる。
$$物質量〔mol〕＝\frac{質量〔g〕}{モル質量〔g/mol〕}$$
$\frac{24\ g}{12\ g/mol}$＝2.0 mol
答　**2.0 mol**

(1) アルミニウム Al 27 g の物質量
$\frac{27\ g}{27\ g/mol}$＝1.0 mol
1.0 mol

(2) 硫黄 S 4.8 g の物質量
$\frac{4.8\ g}{32\ g/mol}$＝0.15 mol
0.15 mol

(3) 鉄 Fe 0.28 g の物質量
$\frac{0.28\ g}{56\ g/mol}$＝0.0050 mol＝$5.0\times10^{-3}$ mol
5.0×10^{-3} mol

(4) 銅 Cu 48 g の物質量
$\frac{48\ g}{64\ g/mol}$＝0.75 mol
0.75 mol

例　二酸化炭素 CO_2 22 g の物質量
解法　二酸化炭素 CO_2 の分子量は
12＋16×2＝44 であるから，モル質量は 44 g/mol となる。
よって，求める物質量は次のようになる。
$\frac{22\ g}{44\ g/mol}$＝0.50 mol
答　**0.50 mol**

(5) 塩素 Cl_2 7.1 g の物質量
Cl_2 の分子量は，35.5×2＝71
$\frac{7.1\ g}{71\ g/mol}$＝0.10 mol
0.10 mol

(6) 硝酸 HNO_3 6.3 g の物質量
HNO_3 の分子量は，1.0＋14＋16×3＝63
$\frac{6.3\ g}{63\ g/mol}$＝0.10 mol
0.10 mol

(7) 炭酸カルシウム $CaCO_3$ 13 g の物質量
$CaCO_3$ の式量は，40＋12＋16×3＝100
$\frac{13\ g}{100\ g/mol}$＝0.13 mol
0.13 mol

(8) 水酸化カリウム KOH 140 g の物質量
KOH の式量は，39＋16＋1.0＝56
$\frac{140\ g}{56\ g/mol}$＝2.5 mol
2.5 mol

 ☑ 物質 1 mol あたりの質量を「モル質量」といい，原子量(分子量・式量)と同じ値になる。モル質量は，g/mol という単位を用いる。

【重要公式】$物質量〔mol〕＝\frac{質量〔g〕}{モル質量〔g/mol〕}$

7 物質量(3)

1 次の物質の0℃，1.013×10^5 Pa (標準状態)における体積を有効数字3桁で答えなさい。

例 酸素 O_2 2.00 mol の体積

解法 標準状態における気体1 mol の体積は，22.4 L である。
よって，求める体積は次のようになる。

体積〔L〕＝22.4 L/mol×物質量〔mol〕

22.4 L/mol×2.00 mol＝44.8 L

答 44.8 L

(1) 水素 H_2 1.00 mol の体積
22.4 L/mol×1.00 mol＝22.4 L
22.4 L

(2) 窒素 N_2 3.00 mol の体積
22.4 L/mol×3.00 mol＝67.2 L
67.2 L

(3) メタン CH_4 1.50 mol の体積
22.4 L/mol×1.50 mol＝33.6 L
33.6 L

(4) アンモニア NH_3 0.250 mol の体積
22.4 L/mol×0.250 mol＝5.60 L
5.60 L

(5) アルゴン Ar 0.750 mol の体積
22.4 L/mol×0.750 mol＝16.8 L
16.8 L

(6) 二酸化炭素 CO_2 0.500 mol の体積
22.4 L/mol×0.500 mol＝11.2 L
11.2 L

2 次の物質の0℃，1.013×10^5 Pa (標準状態)における物質量を有効数字3桁で答えなさい。

例 酸素 O_2 11.2 L の物質量

解法 標準状態で22.4 L の気体の物質量は1 mol である。
よって，求める物質量は次のようになる。

$\text{物質量〔mol〕}=\dfrac{\text{体積〔L〕}}{22.4\text{ L/mol}}$

$\dfrac{11.2\text{ L}}{22.4\text{ L/mol}}=0.500\text{ mol}$

答 0.500 mol

(1) 水素 H_2 22.4 L の物質量
$\dfrac{22.4\text{ L}}{22.4\text{ L/mol}}=1.00\text{ mol}$
1.00 mol

(2) 塩素 Cl_2 6.72 L の物質量
$\dfrac{6.72\text{ L}}{22.4\text{ L/mol}}=0.300\text{ mol}$
0.300 mol

(3) エチレン C_2H_4 56.0 L の物質量
$\dfrac{56.0\text{ L}}{22.4\text{ L/mol}}=2.50\text{ mol}$
2.50 mol

(4) 二酸化炭素 CO_2 33.6 L の物質量
$\dfrac{33.6\text{ L}}{22.4\text{ L/mol}}=1.50\text{ mol}$
1.50 mol

(5) 二酸化窒素 NO_2 2.80 L の物質量
$\dfrac{2.80\text{ L}}{22.4\text{ L/mol}}=0.125\text{ mol}$
0.125 mol

(6) アルゴン Ar 44.8 L の物質量
$\dfrac{44.8\text{ L}}{22.4\text{ L/mol}}=2.00\text{ mol}$
2.00 mol

☑ 気体は温度と圧力により体積が変化するので，温度・圧力の条件を示す必要がある。

3 次の物質の0℃，1.013×10^5 Pa (標準状態)における質量を有効数字2桁で答えなさい。

例 酸素 O_2 11.2 L の質量

解法 標準状態で22.4 L の気体の物質量は1 mol である。
また，酸素 O_2 の分子量は16×2＝32 より，モル質量は32 g/mol である。
よって，求める質量は次のようになる。

$\text{質量〔g〕}=\dfrac{\text{体積〔L〕}}{22.4\text{ L/mol}}\times\text{モル質量〔g/mol〕}$

$\dfrac{11.2\text{ L}}{22.4\text{ L/mol}}\times32\text{ g/mol}=16\text{ g}$

答 16 g

(1) 水素 H_2 11.2 L の質量
H_2 の分子量は，1.0×2＝2.0
$\dfrac{11.2\text{ L}}{22.4\text{ L/mol}}\times2.0\text{ g/mol}=1.0\text{ g}$
1.0 g

(2) 窒素 N_2 67.2 L の質量
N_2 の分子量は，14×2＝28
$\dfrac{67.2\text{ L}}{22.4\text{ L/mol}}\times28\text{ g/mol}=84\text{ g}$
84 g

(3) エチレン C_2H_4 56.0 L の質量
C_2H_4 の分子量は，12×2＋1.0×4＝28
$\dfrac{56.0\text{ L}}{22.4\text{ L/mol}}\times28\text{ g/mol}=70\text{ g}$
70 g

(4) 二酸化炭素 CO_2 33.6 L の質量
CO_2 の分子量は，12＋16×2＝44
$\dfrac{33.6\text{ L}}{22.4\text{ L/mol}}\times44\text{ g/mol}=66\text{ g}$
66 g

(5) アンモニア NH_3 2.80 L の質量
NH_3 の分子量は，14＋1.0×3＝17
$\dfrac{2.80\text{ L}}{22.4\text{ L/mol}}\times17\text{ g/mol}=2.125\text{ g}\fallingdotseq2.1\text{ g}$
2.1 g

(6) メタン CH_4 16.8 L の質量
CH_4 の分子量は，12＋1.0×4＝16
$\dfrac{16.8\text{ L}}{22.4\text{ L/mol}}\times16\text{ g/mol}=12\text{ g}$
12 g

4 次の気体の分子量を有効数字2桁で答えなさい。

例 標準状態における体積が5.6 L，質量が8.0 g である気体

解法
標準状態で22.4 L の気体の物質量は1 mol であるから，この気体の物質量は，
$\dfrac{5.6\text{ L}}{22.4\text{ L/mol}}=0.25\text{ mol}$ となる。
また，物質1.0 mol あたりの質量がモル質量であるから，この物質のモル質量は，
$\dfrac{8.0\text{ g}}{0.25\text{ mol}}=32\text{ g/mol}$ となる。
よって，求める気体の分子量は32となる。

答 32

(1) 標準状態における体積が6.72 L，質量が8.4 g である気体
$\dfrac{6.72\text{ L}}{22.4\text{ L/mol}}=0.300\text{ mol}$
$\dfrac{8.4\text{ g}}{0.300\text{ mol}}=28\text{ g/mol}$
28

(2) 標準状態における体積が5.6 L，質量が4.25 g である気体
$\dfrac{5.6\text{ L}}{22.4\text{ L/mol}}=0.25\text{ mol}$
$\dfrac{4.25\text{ g}}{0.25\text{ mol}}=17\text{ g/mol}$
17

【重要公式】$\text{物質量〔mol〕}=\dfrac{\text{標準状態における気体の体積〔L〕}}{22.4\text{ L/mol}}$

8 溶液の濃度

1 次の水溶液のモル濃度を有効数字２桁で答えなさい。

例 塩化ナトリウム NaCl 0.20 mol を水に溶かして 1.0 L とした水溶液

モル濃度〔mol/L〕$= \dfrac{溶質の物質量〔mol〕}{溶液の体積〔L〕}$

解法 $\dfrac{0.20\ \mathrm{mol}}{1.0\ \mathrm{L}} = 0.20\ \mathrm{mol/L}$

答 **0.20 mol/L**

(1) 塩化カリウム KCl 2.0 mol を水に溶かして 500 mL とした水溶液

$\dfrac{2.0\ \mathrm{mol}}{0.500\ \mathrm{L}} = 4.0\ \mathrm{mol/L}$

4.0 mol/L

(2) 硝酸カリウム KNO_3 1.2 mol を水に溶かして 200 mL とした水溶液

$\dfrac{1.2\ \mathrm{mol}}{0.200\ \mathrm{L}} = 6.0\ \mathrm{mol/L}$

6.0 mol/L

(3) 水酸化カリウム KOH 2.5 mol を水に溶かして 500 mL とした水溶液

$\dfrac{2.5\ \mathrm{mol}}{0.500\ \mathrm{L}} = 5.0\ \mathrm{mol/L}$

5.0 mol/L

(4) 炭酸ナトリウム Na_2CO_3 1.8 mol を水に溶かして 600 mL とした水溶液

$\dfrac{1.8\ \mathrm{mol}}{0.600\ \mathrm{L}} = 3.0\ \mathrm{mol/L}$

3.0 mol/L

(5) 硝酸銀 $AgNO_3$ 0.10 mol を水に溶かして 250 mL とした水溶液

$\dfrac{0.10\ \mathrm{mol}}{0.250\ \mathrm{L}} = 0.40\ \mathrm{mol/L}$

0.40 mol/L

2 次の水溶液のモル濃度を有効数字２桁で答えなさい。

例 塩化ナトリウム NaCl 11.7 g を水に溶かして 1.0 L とした水溶液

解法 塩化ナトリウム NaCl の式量は，23＋35.5＝58.5 なので，溶質の物質量は次のようになる。

$\dfrac{11.7\ \mathrm{g}}{58.5\ \mathrm{g/mol}} = 0.20\ \mathrm{mol}$

よって，求めるモル濃度は次のようになる。

$\dfrac{0.20\ \mathrm{mol}}{1.0\ \mathrm{L}} = 0.20\ \mathrm{mol/L}$　答 **0.20 mol/L**

(1) 水酸化ナトリウム NaOH 2.0 g を水に溶かして 500 mL とした水溶液

NaOH の式量は，23＋16＋1.0＝40

$\dfrac{2.0\ \mathrm{g}}{40\ \mathrm{g/mol}} = 0.050\ \mathrm{mol}$

$\dfrac{0.050\ \mathrm{mol}}{0.500\ \mathrm{L}} = 0.10\ \mathrm{mol/L}$

0.10 mol/L

(2) 硝酸カリウム KNO_3 10.1 g を水に溶かして 2.0 L とした水溶液

KNO_3 の式量は，39＋14＋16×3＝101

$\dfrac{10.1\ \mathrm{g}}{101\ \mathrm{g/mol}} = 0.10\ \mathrm{mol}$

$\dfrac{0.10\ \mathrm{mol}}{2.0\ \mathrm{L}} = 0.050\ \mathrm{mol/L} = 5.0\times10^{-2}\ \mathrm{mol/L}$

5.0×10^{-2} mol/L

(3) 塩化カリウム KCl 14.9 g を水に溶かして 500 mL とした水溶液

KCl の式量は，39＋35.5＝74.5

$\dfrac{14.9\ \mathrm{g}}{74.5\ \mathrm{g/mol}} = 0.20\ \mathrm{mol}$

$\dfrac{0.20\ \mathrm{mol}}{0.500\ \mathrm{L}} = 0.40\ \mathrm{mol/L}$

0.40 mol/L

 ✓ モル濃度〔mol/L〕とは，溶液 1 L に溶けている溶質の物質量〔mol〕を表した濃度である。

3 次の問いに有効数字２桁で答えなさい。

例 2.0 mol/L の塩酸 10 mL 中の塩化水素 HCl の物質量は何 mol か。

溶質の物質量〔mol〕＝モル濃度〔mol/L〕×体積〔L〕

解法 $2.0\ \mathrm{mol/L}\times\dfrac{10}{1000}\ \mathrm{L}$

$= 0.020\ \mathrm{mol}$

$= 2.0\times10^{-2}\ \mathrm{mol}$　答 **2.0×10^{-2} mol**

(1) 1.0 mol/L の塩化ナトリウム水溶液 25 mL 中の塩化ナトリウム NaCl の物質量は何 mol か。

$1.0\ \mathrm{mol/L}\times\dfrac{25}{1000}\ \mathrm{L}$

$= 0.025\ \mathrm{mol}$

$= 2.5\times10^{-2}\ \mathrm{mol}$

2.5×10^{-2} mol

(2) 3.0 mol/L のグルコース水溶液 10 mL 中のグルコース $C_6H_{12}O_6$ の物質量は何 mol か。

$3.0\ \mathrm{mol/L}\times\dfrac{10}{1000}\ \mathrm{L}$

$= 0.030\ \mathrm{mol}$

$= 3.0\times10^{-2}\ \mathrm{mol}$

3.0×10^{-2} mol

(3) 1.0 mol/L の水酸化ナトリウム水溶液 100 mL 中の水酸化ナトリウム NaOH の物質量は何 mol か。

$1.0\ \mathrm{mol/L}\times\dfrac{100}{1000}\ \mathrm{L}$

$= 0.10\ \mathrm{mol}$

0.10 mol

例 1.0 mol/L の塩化カリウム水溶液 10 mL をつくるのに必要な塩化カリウム KCl は何 g か。

解法 塩化カリウム KCl の式量は，39＋35.5＝74.5 なので，求める質量は次のようになる。

$1.0\ \mathrm{mol/L}\times\dfrac{10}{1000}\ \mathrm{L}\times74.5\ \mathrm{g/mol}$

$= 0.745\ \mathrm{g}$

$\fallingdotseq 0.75\ \mathrm{g}$　答 **0.75 g**

(4) 2.0 mol/L の水酸化ナトリウム水溶液 100 mL をつくるのに必要な水酸化ナトリウム NaOH は何 g か。

NaOH の式量は，23＋16＋1.0＝40

$2.0\ \mathrm{mol/L}\times\dfrac{100}{1000}\ \mathrm{L}\times40\ \mathrm{g/mol} = 8.0\ \mathrm{g}$

8.0 g

(5) 2.5 mol/L のアンモニア水溶液 20 mL をつくるのに必要なアンモニア NH_3 は何 g か。

NH_3 の分子量は，14＋1.0×3＝17

$2.5\ \mathrm{mol/L}\times\dfrac{20}{1000}\ \mathrm{L}\times17\ \mathrm{g/mol} = 0.85\ \mathrm{g}$

0.85 g

4 次の水溶液の質量パーセント濃度を有効数字２桁で答えなさい。

例 塩化ナトリウム NaCl 25 g を水 100 g に溶かした水溶液

解法 $\dfrac{25\ \mathrm{g}}{100\ \mathrm{g}+25\ \mathrm{g}}\times100$

$= 20\ \%$　答 **20 %**

(1) 硝酸カリウム KNO_3 20 g を水 80 g に溶かした水溶液

$\dfrac{20\ \mathrm{g}}{80\ \mathrm{g}+20\ \mathrm{g}}\times100$

$= 20\ \%$

20 %

(2) 食塩 5.0 g を水 45 g に溶かした水溶液

$\dfrac{5.0\ \mathrm{g}}{45\ \mathrm{g}+5.0\ \mathrm{g}}\times100$

$= 10\ \%$

10 %

(3) ショ糖 3.0 g を水 47 g に溶かした水溶液

$\dfrac{3.0\ \mathrm{g}}{47\ \mathrm{g}+3.0\ \mathrm{g}}\times100$

$= 6.0\ \%$

6.0 %

【重要公式】質量パーセント濃度〔%〕$= \dfrac{溶質の質量〔g〕}{溶液の質量〔g〕}\times100$　

9 化学反応式(1)

Check!

- □ **化学反応式**…化学変化を物質の化学式を用いて表した式。反応物と生成物で各原子ごとに総数が等しくなるように係数をつける。
- □ **イオン反応式**…反応にかかわらないイオンを除いて表した化学反応式。

1 次の化学反応式の係数 a, b, c, d(d はないこともある)にあてはまる値を求め，化学反応式を書きなさい。

例 $aCH_4 + bO_2 \longrightarrow cCO_2 + dH_2O$

解法 ① それぞれの化学式の最も複雑な物質(構成する原子の種類と総数が最も大きい物質)の係数を1とする。

CH_4(CとHの2種類，総数5個)，O_2(Oの1種類，総数2個)，

CO_2(CとOの2種類，総数3個)，H_2O(HとOの2種類，総数3個)より，$a=1$ とする。

$1CH_4 + bO_2 \longrightarrow cCO_2 + dH_2O$

② 1と決めた化学式に使われている原子の(1)登場回数と(2)原子の総数が少ない原子から順番にあわせる。

C原子(登場2回(CH_4, CO_2)，総数2個)，H原子(登場2回(CH_4, H_2O)，総数6個)より，C原子→H原子→O原子の順にあわせる。

(i) C原子 $1CH_4 + bO_2 \longrightarrow 1CO_2 + dH_2O$(反応物C原子1個なので，$CO_2$ の係数1)

(ii) H原子 $1CH_4 + bO_2 \longrightarrow 1CO_2 + 2H_2O$(反応物H原子4個なので，$H_2O$ の係数2)

(iii) O原子 $1CH_4 + 2O_2 \longrightarrow 1CO_2 + 2H_2O$(生成物O原子4個なので，$O_2$ の係数2)

③ 係数を最も簡単な整数比とし，1を省略する(係数が分数になったときは最後に整数にする)。

答 $CH_4 + 2O_2 \longrightarrow CO_2 + 2H_2O$

(1) $aC_3H_8 + bO_2 \longrightarrow cCO_2 + dH_2O$

① 最も複雑な化学式は C_3H_8 より，$a=1$ とする。 $1C_3H_8 + bO_2 \longrightarrow cCO_2 + dH_2O$

② 原子の数をC原子→H原子→O原子の順であわせる。

C原子 $1C_3H_8 + bO_2 \longrightarrow 3CO_2 + dH_2O$

H原子 $1C_3H_8 + bO_2 \longrightarrow 3CO_2 + 4H_2O$

O原子 $1C_3H_8 + 5O_2 \longrightarrow 3CO_2 + 4H_2O$

③ 係数を最も簡単な整数比とし，1を省略する。

$C_3H_8 + 5O_2 \longrightarrow 3CO_2 + 4H_2O$

(2) $aC_2H_5OH + bO_2 \longrightarrow cCO_2 + dH_2O$

① 最も複雑な化学式は C_2H_5OH より，$a=1$ とする。 $1C_2H_5OH + bO_2 \longrightarrow cCO_2 + dH_2O$

② 原子の数をC原子→H原子→O原子の順であわせる。

C原子 $1C_2H_5OH + bO_2 \longrightarrow 2CO_2 + dH_2O$

H原子 $1C_2H_5OH + bO_2 \longrightarrow 2CO_2 + 3H_2O$

O原子 $1C_2H_5OH + 3O_2 \longrightarrow 2CO_2 + 3H_2O$

③ 係数を最も簡単な整数比とし，1を省略する。

$C_2H_5OH + 3O_2 \longrightarrow 2CO_2 + 3H_2O$

(3) $aAl + bO_2 \longrightarrow cAl_2O_3$

① 最も複雑な化学式は Al_2O_3 より，$c=1$ とする。 $aAl + bO_2 \longrightarrow 1Al_2O_3$

② 原子の数をAl原子→O原子の順であわせる。

Al原子 $2Al + bO_2 \longrightarrow 1Al_2O_3$

O原子 $2Al + \frac{3}{2}O_2 \longrightarrow 1Al_2O_3$

③ 全体を2倍する。

$4Al + 3O_2 \longrightarrow 2Al_2O_3$

2 次の化学反応式の係数 a, b, c, d にあてはまる値を求め，化学反応式を書きなさい。

例 $aCH_4 + bO_2 \longrightarrow cCO_2 + dH_2O$

解法 ① 最も複雑な化学式は CH_4 より，$a=1$ とする。 $1CH_4 + bO_2 \longrightarrow cCO_2 + dH_2O$

② 反応物と生成物の原子の総数が等しいことから，連立方程式を立て，解を求める。

C原子が等しいので，1×1(CH_4 の係数×C原子の数)$=c\times1$(CO_2 の係数×C原子の数)

H原子が等しいので，1×4(CH_4 の係数×H原子の数)$=2\times d$(H_2O の係数×H原子の数)

O原子が等しいので，$b\times2$(O_2 の係数×O原子の数)

$=c\times2$(CO_2 の係数×O原子の数)$+d\times1$(H_2O の係数×O原子の数)

これらを解いて，$b=2$, $c=1$, $d=2$ よって，$1CH_4 + 2O_2 \longrightarrow 1CO_2 + 2H_2O$

③ 係数を最も簡単な整数比とし，1を省略する(係数が分数になったときは最後に整数にする)。

答 $CH_4 + 2O_2 \longrightarrow CO_2 + 2H_2O$

(1) $aCO_2 + bH_2O \longrightarrow cC_6H_{12}O_6 + dO_2$

① 最も複雑な化学式は $C_6H_{12}O_6$ より，$c=1$ とする。 $aCO_2 + bH_2O \longrightarrow 1C_6H_{12}O_6 + dO_2$

② 連立方程式を立てる $a\times1=1\times6$(C原子)

$a\times2+b\times1=1\times6+d\times2$(O原子)

$b\times2=1\times12$(H原子) これらを解いて，$a=6$, $b=6$, $d=6$

③ 係数を最も簡単な整数比とし，1を省略する。

$6CO_2 + 6H_2O \longrightarrow C_6H_{12}O_6 + 6O_2$

(2) $aH_2S + bSO_2 \longrightarrow cS + dH_2O$

① 最も複雑な化学式は H_2S より，$a=1$ とする。 $1H_2S + bSO_2 \longrightarrow cS + dH_2O$

② 連立方程式を立てる $1\times2=d\times2$(H原子)

$b\times2=d\times1$(O原子)

$1\times1+b\times1=c\times1$(S原子) これらを解いて，$b=\frac{1}{2}$, $c=\frac{3}{2}$, $d=1$

③ 全体を2倍して，1を省略する。

$2H_2S + SO_2 \longrightarrow 3S + 2H_2O$

(3) $aC_2H_6 + bO_2 \longrightarrow cCO_2 + dH_2O$

① 最も複雑な化学式は C_2H_6 より，$a=1$ とする。 $1C_2H_6 + bO_2 \longrightarrow cCO_2 + dH_2O$

② 連立方程式を立てる $1\times2=c\times1$(C原子)

$1\times6=d\times2$(H原子)

$b\times2=c\times2+d\times1$(O原子) これらを解いて，$b=\frac{7}{2}$, $c=2$, $d=3$

③ 全体を2倍する。

$2C_2H_6 + 7O_2 \longrightarrow 4CO_2 + 6H_2O$

化学反応式では，温度や圧力，触媒などの反応条件，反応熱などは書かなくてよい。

1の方法を目算法といい，**2**の方法を未定係数法という。未定係数法では必ず答えが出るが，時間がかかる。

10 化学反応式(2)

1 次の化学反応式を書きなさい。

例 **一酸化炭素と酸素から二酸化炭素が生じた(一酸化炭素の燃焼)。**

解法 ① 化学反応式を物質名で書く。　一酸化炭素＋酸素 ⟶ 二酸化炭素
② 物質名を化学式にし，係数を a，b，c とつける。　$aCO + bO_2 \longrightarrow cCO_2$
③ 前ページの化学反応式(1)と同様に係数を決定する。　$1CO + \frac{1}{2}O_2 \longrightarrow 1CO_2$
④ 全体を2倍して，係数を最も簡単な整数比とし，1を省略する。　答 $2CO + O_2 \longrightarrow 2CO_2$

(1) ナトリウムと酸素が反応して，酸化ナトリウム Na_2O が生じた。
① 化学反応式を物質名で書く。　ナトリウム＋酸素 ⟶ 酸化ナトリウム
② 物質名を化学式にし，係数をつける。　$aNa + bO_2 \longrightarrow cNa_2O$
③ c=1とし，係数を決定する。　$2Na + \frac{1}{2}O_2 \longrightarrow 1Na_2O$
④ 全体を2倍して，1を省略する。

$4Na + O_2 \longrightarrow 2Na_2O$

(2) 窒素と水素からアンモニア NH_3 が生じた。
① 化学反応式を物質名で書く。　窒素＋水素 ⟶ アンモニア
② 物質名を化学式にし，係数をつける。　$aN_2 + bH_2 \longrightarrow cNH_3$
③ c=1とし，係数を決定する。　$\frac{1}{2}N_2 + \frac{3}{2}H_2 \longrightarrow 1NH_3$
④ 全体を2倍して，1を省略する。

$N_2 + 3H_2 \longrightarrow 2NH_3$

(3) アルミニウムに塩酸を加えると，塩化アルミニウム $AlCl_3$ と水素が生じた。
① 化学反応式を物質名で書く。　アルミニウム＋塩酸 ⟶ 塩化アルミニウム＋水素
② 物質名を化学式にし，係数をつける。　$aAl + bHCl \longrightarrow cAlCl_3 + dH_2$
③ c=1とし，係数を決定する。　$1Al + 3HCl \longrightarrow 1AlCl_3 + \frac{3}{2}H_2$
④ 全体を2倍する。

$2Al + 6HCl \longrightarrow 2AlCl_3 + 3H_2$

(4) アセチレン C_2H_2 を完全燃焼させると，二酸化炭素と水が生じた。
① 化学反応式を物質名で書く。　アセチレン＋酸素 ⟶ 二酸化炭素＋水
② 物質名を化学式にし，係数をつける。　$aC_2H_2 + bO_2 \longrightarrow cCO_2 + dH_2O$
③ a=1とし，係数を決定する。　$1C_2H_2 + \frac{5}{2}O_2 \longrightarrow 2CO_2 + 1H_2O$
④ 全体を2倍する。

$2C_2H_2 + 5O_2 \longrightarrow 4CO_2 + 2H_2O$

(5) カルシウムに水を加えると，水酸化カルシウム $Ca(OH)_2$ と水素が生じた。
① 化学反応式を物質名で書く。　カルシウム＋水 ⟶ 水酸化カルシウム＋水素
② 物質名を化学式にし，係数をつける。　$aCa + bH_2O \longrightarrow cCa(OH)_2 + dH_2$
③ c=1とし，係数を決定する。　$1Ca + 2H_2O \longrightarrow 1Ca(OH)_2 + 1H_2$
④ 1を省略する。

$Ca + 2H_2O \longrightarrow Ca(OH)_2 + H_2$

(6) 葉緑体では二酸化炭素と水から，グルコース $C_6H_{12}O_6$ と酸素が生成する(光合成)。
① 化学反応式を物質名で書く。　二酸化炭素＋水 ⟶ グルコース＋酸素
② 物質名を化学式にし，係数をつける。　$aCO_2 + bH_2O \longrightarrow cC_6H_{12}O_6 + dO_2$
③ c=1とし，係数を決定する。　$6CO_2 + 6H_2O \longrightarrow 1C_6H_{12}O_6 + 6O_2$
④ 1を省略する。

$6CO_2 + 6H_2O \longrightarrow C_6H_{12}O_6 + 6O_2$

2 次の化学反応式をイオン反応式で表しなさい。

例 **硫酸銅(Ⅱ)$CuSO_4$ 水溶液に硫化水素 H_2S を吹き込むと，硫化銅(Ⅱ)CuS(黒)が沈殿した。**
化学反応式：$CuSO_4 + H_2S \longrightarrow CuS\downarrow + H_2SO_4$

解法 ① 沈殿する物質は何であるか考える。　CuS
② 沈殿物をつくるために必要な物質(イオン)を反応物からみつける。
硫酸銅(Ⅱ)$CuSO_4 \rightarrow Cu^{2+}$　硫化水素 $H_2S \rightarrow S^{2-}$
③ 電荷が0となるようにイオン反応式をつくる。　答 $Cu^{2+} + S^{2-} \longrightarrow CuS$

(1) 硝酸銀 $AgNO_3$ 水溶液と塩化ナトリウム NaCl 水溶液を混合すると，塩化銀 AgCl(白)が沈殿した。
化学反応式：$AgNO_3 + NaCl \longrightarrow AgCl\downarrow + NaNO_3$
① 沈殿する物質は何であるか考える。　AgCl
② 沈殿物をつくるために必要な物質(イオン)を反応物からみつける。
硝酸銀 $AgNO_3 \rightarrow Ag^+$　塩化ナトリウム $NaCl \rightarrow Cl^-$
③ 電荷が0となるようにイオン反応式をつくる。

$Ag^+ + Cl^- \longrightarrow AgCl$

(2) 水酸化バリウム $Ba(OH)_2$ 水溶液と硫酸 H_2SO_4 を混合すると，硫酸バリウム $BaSO_4$(白)が沈殿した。
化学反応式：$Ba(OH)_2 + H_2SO_4 \longrightarrow BaSO_4\downarrow + 2H_2O$
① 沈殿する物質は何であるか考える。　$BaSO_4$
② 沈殿物をつくるために必要な物質(イオン)を反応物からみつける。
水酸化バリウム $Ba(OH)_2 \rightarrow Ba^{2+}$　硫酸 $H_2SO_4 \rightarrow SO_4^{2-}$
③ 電荷が0となるようにイオン反応式をつくる。

$Ba^{2+} + SO_4^{2-} \longrightarrow BaSO_4$

(3) 硝酸銀 $AgNO_3$ 水溶液に硫化水素 H_2S を吹き込むと，硫化銀 Ag_2S(黒)が沈殿した。
化学反応式：$2AgNO_3 + H_2S \longrightarrow Ag_2S\downarrow + 2HNO_3$
① 沈殿する物質は何であるか考える。　Ag_2S
② 沈殿物をつくるために必要な物質(イオン)を反応物からみつける。
硝酸銀 $AgNO_3 \rightarrow Ag^+$　硫化水素 $H_2S \rightarrow S^{2-}$
③ 電荷が0となるようにイオン反応式をつくる。

$2Ag^+ + S^{2-} \longrightarrow Ag_2S$

有機化合物または炭素，水素を含む物質を完全燃焼させると，空気中の酸素と反応し，炭素は二酸化炭素に，水素は水になる。

化学式の後ろの「↑」は気体の発生，「↓」は沈殿の形成を示している。これらの矢印は，物質の生成を強調するときに使うことがある。

11 化学反応の量的関係(1)

1 次の化学反応式を粒子で表し，必要な粒子の個数を答えなさい。

例 $2CO+O_2 \longrightarrow 2CO_2$ の反応において，CO_2 が10個できたとき，反応した CO と O_2 の個数を求めなさい。

解法 $2CO + O_2 \longrightarrow 2CO_2$

2個　1個　2個

CO の係数：CO_2 の係数＝CO の個数：CO_2 の個数より，

CO の個数＝CO_2 の個数×$\frac{CO\text{の係数}}{CO_2\text{の係数}}$＝$10\times\frac{2}{2}$＝10 個

O_2 の個数＝CO_2 の個数×$\frac{O_2\text{の係数}}{CO_2\text{の係数}}$＝$10\times\frac{1}{2}$＝5 個

答 CO 10個，O_2 5個

(1) $N_2+3H_2 \longrightarrow 2NH_3$ の反応において，NH_3 が100個できたとき，反応した N_2 と H_2 の個数を求めなさい。

$N_2 + 3H_2 \longrightarrow 2NH_3$

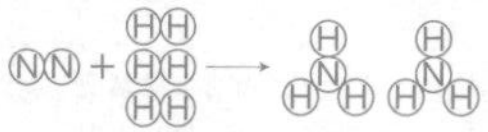

1個　3個　2個

N_2 の個数＝NH_3 の個数×$\frac{N_2\text{の係数}}{NH_3\text{の係数}}$＝$100\times\frac{1}{2}$＝50 個

H_2 の個数＝NH_3 の個数×$\frac{H_2\text{の係数}}{NH_3\text{の係数}}$＝$100\times\frac{3}{2}$＝150 個

N_2 50 個，H_2 150 個

(2) $2H_2+O_2 \longrightarrow 2H_2O$ の反応において，H_2O が20個できたとき，反応した H_2 と O_2 の個数を求めなさい。

$2H_2 + O_2 \longrightarrow 2H_2O$

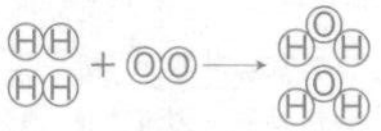

2個　1個　2個

H_2 の個数＝H_2O の個数×$\frac{H_2\text{の係数}}{H_2O\text{の係数}}$＝$20\times\frac{2}{2}$＝20 個

O_2 の個数＝H_2O の個数×$\frac{O_2\text{の係数}}{H_2O\text{の係数}}$＝$20\times\frac{1}{2}$＝10 個

H_2 20 個，O_2 10 個

(3) $CH_4+2O_2 \longrightarrow CO_2+2H_2O$ の反応において，CO_2 が5個できたとき，反応した CH_4 と O_2 の個数と生成した H_2O の個数を求めなさい。

$CH_4 + 2O_2 \longrightarrow CO_2 + 2H_2O$

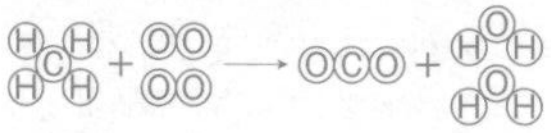

1個　2個　1個　2個

CH_4 の個数＝CO_2 の個数×$\frac{CH_4\text{の係数}}{CO_2\text{の係数}}$＝$5\times\frac{1}{1}$＝5 個

O_2 の個数＝CO_2 の個数×$\frac{O_2\text{の係数}}{CO_2\text{の係数}}$＝$5\times\frac{2}{1}$＝10 個

H_2O の個数＝CO_2 の個数×$\frac{H_2O\text{の係数}}{CO_2\text{の係数}}$＝$5\times\frac{2}{1}$＝10 個

CH_4 5 個，O_2 10 個，H_2O 10 個

2 次の化学反応式をみて，空欄にあてはまる数を答えなさい。

例 $2CO+O_2 \longrightarrow 2CO_2$

CO_2 が10個生成したとき，CO は(10)個，O_2 は(5)個反応した。

$CH_4+2O_2 \longrightarrow CO_2+2H_2O$ の反応において，

(1) CO_2 が10個できたとき，CH_4 は(10)個，O_2 は(20)個反応し，H_2O は(20)個生成する。

(2) CO_2 が 3.0×10^{23} 個できたとき，CH_4 は(3.0×10^{23})個，O_2 は(6.0×10^{23})個反応し，H_2O は(6.0×10^{23})個生成する。

3 次の化学反応式をみて，物質量の比を表し，必要な物質量を求めなさい。

例 $2Cu+O_2 \longrightarrow 2CuO$ の反応において，CuO を 4 mol つくるのに必要な Cu と O_2 の物質量を求めなさい。

解法 $2Cu+O_2 \longrightarrow 2CuO$

(2)：(1)　：(2)

↑

物質量の比

Cu の物質量＝CuO の物質量×$\frac{Cu\text{の係数}}{CuO\text{の係数}}$＝$4\times\frac{2}{2}$＝4 mol

O_2 の物質量＝CuO の物質量×$\frac{O_2\text{の係数}}{CuO\text{の係数}}$＝$4\times\frac{1}{2}$＝2 mol

答 Cu 4 mol，O_2 2 mol

(1) $4Al+3O_2 \longrightarrow 2Al_2O_3$ の反応において，Al_2O_3 を 4 mol つくるのに必要な Al と O_2 の物質量を求めなさい。

$4Al+3O_2 \longrightarrow 2Al_2O_3$

(4)：(3)　：(2)

↑

物質量の比

Al の物質量＝Al_2O_3 の物質量×$\frac{Al\text{の係数}}{Al_2O_3\text{の係数}}$＝$4\times\frac{4}{2}$＝8 mol

O_2 の物質量＝Al_2O_3 の物質量×$\frac{O_2\text{の係数}}{Al_2O_3\text{の係数}}$＝$4\times\frac{3}{2}$＝6 mol

Al 8 mol，O_2 6 mol

(2) $2H_2O_2 \longrightarrow O_2+2H_2O$ の反応において，O_2 を 5 mol つくるのに必要な H_2O_2 と生成する H_2O の物質量を求めなさい。

$2H_2O_2 \longrightarrow O_2+2H_2O$

(2)　：(1)：(2)

↑

物質量の比

H_2O_2 の物質量＝O_2 の物質量×$\frac{H_2O_2\text{の係数}}{O_2\text{の係数}}$＝$5\times\frac{2}{1}$＝10 mol

H_2O の物質量＝O_2 の物質量×$\frac{H_2O\text{の係数}}{O_2\text{の係数}}$＝$5\times\frac{2}{1}$＝10 mol

H_2O_2 10 mol，H_2O 10 mol

(3) $C_3H_8+5O_2 \longrightarrow 3CO_2+4H_2O$ の反応において，C_3H_8 が 2 mol 消費されたとき，一緒に消費された O_2，生成した CO_2，H_2O の物質量を求めなさい。

$C_3H_8+5O_2 \longrightarrow 3CO_2+4H_2O$

(1)：(5)　：(3)：(4)

↑

物質量の比

O_2 の物質量＝C_3H_8 の物質量×$\frac{O_2\text{の係数}}{C_3H_8\text{の係数}}$＝$2\times\frac{5}{1}$＝10 mol

CO_2 の物質量＝C_3H_8 の物質量×$\frac{CO_2\text{の係数}}{C_3H_8\text{の係数}}$＝$2\times\frac{3}{1}$＝6 mol

H_2O の物質量＝C_3H_8 の物質量×$\frac{H_2O\text{の係数}}{C_3H_8\text{の係数}}$＝$2\times\frac{4}{1}$＝8 mol

O_2 10 mol，CO_2 6 mol，H_2O 8 mol

4 次の化学反応式をみて，空欄にあてはまる数を答えなさい。

例 $4Fe+3O_2 \longrightarrow 2Fe_2O_3$

① Fe_2O_3 を 10 mol つくるためには，Fe(20)mol と O_2(15)mol が必要である。

② Fe_2O_3 が 8 mol できたとき，Fe(16)mol と O_2(12)mol が反応した。

(1) $2Na+2H_2O \longrightarrow 2NaOH+H_2\uparrow$

① H_2 が 4 mol できたとき，Na(8)mol と H_2O(8)mol が反応し，NaOH(8)mol ができた。

② NaOH が 4 mol できたとき，Na(4)mol と H_2O(4)mol が反応し，H_2(2)mol ができた。

(2) $2Al+6HCl \longrightarrow 2AlCl_3+3H_2\uparrow$

① H_2 が 6 mol できたとき，Al(4)mol と HCl(12)mol が反応し，$AlCl_3$(4)mol ができた。

② Al が 30 mol 反応したとき，HCl(90)mol が反応し，$AlCl_3$(30)mol と H_2(45)mol ができた。

12 化学反応の量的関係(2)

1 次の化学反応式をみて，物質量の比を表し，必要な質量を求めなさい。

例 $2CO + O_2 \longrightarrow 2CO_2$ の反応において，CO_2 が 88 g できるときに，消費された CO と O_2 の質量を求めなさい。

解法　$2CO + O_2 \longrightarrow 2CO_2$　　CO_2 88 g の物質量は，$\frac{88}{44}=2.0$ mol

物質量の比→（2）：（1）：（2）

CO の質量＝CO_2 の物質量×$\frac{\text{COの係数}}{CO_2\text{の係数}}$×CO の分子量＝$2.0\times\frac{2}{2}\times28=56$ g

O_2 の質量＝CO_2 の物質量×$\frac{O_2\text{の係数}}{CO_2\text{の係数}}$×$O_2$ の分子量＝$2.0\times\frac{1}{2}\times32=32$ g

答 CO　56 g，O_2　32 g

(1) $N_2 + 3H_2 \longrightarrow 2NH_3$ の反応において，NH_3 が 68 g できるときに，消費された N_2 と H_2 の質量を求めなさい。

$N_2 + 3H_2 \longrightarrow 2NH_3$　　NH_3 68 g の物質量は，$\frac{68}{17}=4.0$ mol

物質量の比→（1）：（3）：（2）

N_2 の質量＝NH_3 の物質量×$\frac{N_2\text{の係数}}{NH_3\text{の係数}}$×$N_2$ の分子量＝$4.0\times\frac{1}{2}\times28=56$ g

H_2 の質量＝NH_3 の物質量×$\frac{H_2\text{の係数}}{NH_3\text{の係数}}$×$H_2$ の分子量＝$4.0\times\frac{3}{2}\times2.0=12$ g

N_2　56　g，H_2　12　g

(2) $2H_2 + O_2 \longrightarrow 2H_2O$ の反応において，H_2O が 90 g できるときに，消費された H_2 と O_2 の質量を求めなさい。

$2H_2 + O_2 \longrightarrow 2H_2O$　　H_2O 90 g の物質量は，$\frac{90}{18}=5.0$ mol

物質量の比→（2）：（1）：（2）

H_2 の質量＝H_2O の物質量×$\frac{H_2\text{の係数}}{H_2O\text{の係数}}$×$H_2$ の分子量＝$5.0\times\frac{2}{2}\times2.0=10$ g

O_2 の質量＝H_2O の物質量×$\frac{O_2\text{の係数}}{H_2O\text{の係数}}$×$O_2$ の分子量＝$5.0\times\frac{1}{2}\times32=80$ g

H_2　10　g，O_2　80　g

(3) $CH_4 + 2O_2 \longrightarrow CO_2 + 2H_2O$ の反応において，CO_2 が 110 g できるときに，必要な CH_4 と O_2 の質量と生成した H_2O の質量を求めなさい。

$CH_4 + 2O_2 \longrightarrow CO_2 + 2H_2O$　　CO_2 110 g の物質量は，$\frac{110}{44}=2.5$ mol

物質量の比→（1）：（2）：（1）：（2）

CH_4 の質量＝CO_2 の物質量×$\frac{CH_4\text{の係数}}{CO_2\text{の係数}}$×$CH_4$ の分子量＝$2.5\times\frac{1}{1}\times16=40$ g

O_2 の質量＝CO_2 の物質量×$\frac{O_2\text{の係数}}{CO_2\text{の係数}}$×$O_2$ の分子量＝$2.5\times\frac{2}{1}\times32=160$ g

H_2O の質量＝CO_2 の物質量×$\frac{H_2O\text{の係数}}{CO_2\text{の係数}}$×$H_2O$ の分子量＝$2.5\times\frac{2}{1}\times18=90$ g

CH_4　40　g，O_2　160　g，H_2O　90　g

化学反応の量的関係を考えるときは，必ず物質量に変換して考える。

2 次の化学反応式をみて，物質量の比を表し，必要な体積を有効数字 3 桁で求めなさい。

例 $2CO + O_2 \longrightarrow 2CO_2$ の反応において，CO_2 が 0 ℃，1 気圧(標準状態)において 44.8 L できるときに，消費された CO と O_2 の標準状態における体積を求めなさい。

解法　$2CO + O_2 \longrightarrow 2CO_2$　　CO_2 44.8 L(標準状態)の物質量は，$\frac{44.8}{22.4}=2.00$ mol

物質量の比→（2）：（1）：（2）

COの体積＝CO_2 の物質量×$\frac{\text{COの係数}}{CO_2\text{の係数}}$×CO1 molの体積(標準状態)＝$2.00\times\frac{2}{2}\times22.4=44.8$ L

O_2 の体積＝CO_2 の物質量×$\frac{O_2\text{の係数}}{CO_2\text{の係数}}$×$O_2$ 1 mol の体積(標準状態)＝$2.00\times\frac{1}{2}\times22.4=22.4$ L

答 CO　44.8 L，O_2　22.4 L

(1) $N_2 + 3H_2 \longrightarrow 2NH_3$ の反応において，NH_3 が 0 ℃，1 気圧(標準状態)において 89.6 L できるときに，消費された N_2 と H_2 の標準状態における体積を求めなさい。

$N_2 + 3H_2 \longrightarrow 2NH_3$　　NH_3 89.6 L(標準状態)の物質量は，$\frac{89.6}{22.4}=4.00$ mol

物質量の比→（1）：（3）：（2）

N_2 の体積＝NH_3 の物質量×$\frac{N_2\text{の係数}}{NH_3\text{の係数}}$×$N_2$ 1 mol の体積(標準状態)＝$4.00\times\frac{1}{2}\times22.4=44.8$ L

H_2 の体積＝NH_3 の物質量×$\frac{H_2\text{の係数}}{NH_3\text{の係数}}$×$H_2$ 1 mol の体積(標準状態)＝$4.00\times\frac{3}{2}\times22.4=134.4$ L

N_2　44.8　L，H_2　134　L

(2) $2NO + O_2 \longrightarrow 2NO_2$ の反応において，NO_2 が 0 ℃，1 気圧(標準状態)において 33.6 L できるときに，消費された NO と O_2 の標準状態における体積を求めなさい。

$2NO + O_2 \longrightarrow 2NO_2$　　NO_2 33.6 L(標準状態)の物質量は，$\frac{33.6}{22.4}=1.50$ mol

物質量の比→（2）：（1）：（2）

NO の体積＝NO_2 の物質量×$\frac{\text{NOの係数}}{NO_2\text{の係数}}$×NO 1 mol の体積(標準状態)＝$1.50\times\frac{2}{2}\times22.4=33.6$ L

O_2 の体積＝NO_2 の物質量×$\frac{O_2\text{の係数}}{NO_2\text{の係数}}$×$O_2$ 1 mol の体積(標準状態)＝$1.50\times\frac{1}{2}\times22.4=16.8$ L

NO　33.6　L，O_2　16.8　L

(3) $CH_4 + 2O_2 \longrightarrow CO_2 + 2H_2O$ の反応において，CO_2 が 0 ℃，1 気圧(標準状態)で 67.2 L できるときに，必要な CH_4 と O_2 の標準状態における体積を求めなさい。

$CH_4 + 2O_2 \longrightarrow CO_2 + 2H_2O$　　CO_2 67.2 L(標準状態)の物質量は，$\frac{67.2}{22.4}=3.00$ mol

物質量の比→（1）：（2）：（1）：（2）

CH_4 の体積＝CO_2 の物質量×$\frac{CH_4\text{の係数}}{CO_2\text{の係数}}$×$CH_4$ 1 molの体積(標準状態)＝$3.00\times\frac{1}{1}\times22.4=67.2$ L

O_2 の体積＝CO_2 の物質量×$\frac{O_2\text{の係数}}{CO_2\text{の係数}}$×$O_2$ 1 mol の体積(標準状態)＝$3.00\times\frac{2}{1}\times22.4=134.4$ L

CH_4　67.2　L，O_2　134　L

気体反応において，化学反応式の係数は，反応物・生成物の同温・同圧における気体の体積の比を表している。

13 化学反応の量的関係(3)

1 次の化学反応式をみて，物質量の比を表し，必要な質量および0℃，1気圧(標準状態)における体積を有効数字2桁で求めなさい。

例 $2CO + O_2 \longrightarrow 2CO_2$ の反応において，CO_2 が 88 g できるときに，消費された CO と O_2 の質量および標準状態における体積を求めなさい。

解法　$2CO + O_2 \longrightarrow 2CO_2$　　CO_2 88 g の物質量は，$\frac{88}{44} = 2.0$ mol

物質量の比→(2)：(1)　：　(2)

CO の質量 $= CO_2$ の物質量 $\times \frac{CO の係数}{CO_2 の係数} \times$ CO の分子量 $= 2.0 \times \frac{2}{2} \times 28 = 56$ g

CO の体積 $= CO_2$ の物質量 $\times \frac{CO の係数}{CO_2 の係数} \times$ CO 1 mol の体積(標準状態) $= 2.0 \times \frac{2}{2} \times 22.4 = 44.8$ L

O_2 の質量 $= CO_2$ の物質量 $\times \frac{O_2 の係数}{CO_2 の係数} \times O_2$ の分子量 $= 2.0 \times \frac{1}{2} \times 32 = 32$ g

O_2 の体積 $= CO_2$ の物質量 $\times \frac{O_2 の係数}{CO_2 の係数} \times O_2$ 1 mol の体積(標準状態) $= 2.0 \times \frac{1}{2} \times 22.4 = 22.4$ L

答　**CO の質量 56 g，体積 45 L，O_2 の質量 32 g，体積 22 L**

(1) $N_2 + 3H_2 \longrightarrow 2NH_3$ の反応において，NH_3 が 68 g できるときに，消費された N_2 と H_2 の質量および標準状態における体積を求めなさい。

$N_2 + 3H_2 \longrightarrow 2NH_3$　　NH_3 68 g の物質量は，$\frac{68}{17} = 4.0$ mol

物質量の比→(1)：(3)　：　(2)

N_2 の質量 $= NH_3$ の物質量 $\times \frac{N_2 の係数}{NH_3 の係数} \times N_2$ の分子量 $= 4.0 \times \frac{1}{2} \times 28 = 56$ g

N_2 の体積 $= NH_3$ の物質量 $\times \frac{N_2 の係数}{NH_3 の係数} \times N_2$ 1 mol の体積(標準状態) $= 4.0 \times \frac{1}{2} \times 22.4 = 44.8$ L

H_2 の質量 $= NH_3$ の物質量 $\times \frac{H_2 の係数}{NH_3 の係数} \times H_2$ の分子量 $= 4.0 \times \frac{3}{2} \times 2.0 = 12$ g

H_2 の体積 $= NH_3$ の物質量 $\times \frac{H_2 の係数}{NH_3 の係数} \times H_2$ 1 mol の体積(標準状態) $= 4.0 \times \frac{3}{2} \times 22.4 = 134.4$ L

N_2 の質量　56　g，体積　45　L，H_2 の質量　12　g，体積　1.3×10^2　L

(2) $2H_2 + O_2 \longrightarrow 2H_2O$ の反応において，H_2 が標準状態で 112 L 消費されたときに，消費された O_2 の質量および標準状態における体積を求めなさい。また，生成した H_2O の質量を求めなさい。

$2H_2 + O_2 \longrightarrow 2H_2O$　　H_2 112 L の物質量は，$\frac{112}{22.4} = 5.00$ mol

物質量の比→(2)：(1)　：　(2)

O_2 の質量 $= H_2$ の物質量 $\times \frac{O_2 の係数}{H_2 の係数} \times O_2$ の分子量 $= 5.00 \times \frac{1}{2} \times 32 = 80$ g

O_2 の体積 $= H_2$ の物質量 $\times \frac{O_2 の係数}{H_2 の係数} \times O_2$ 1 mol の体積(標準状態) $= 5.00 \times \frac{1}{2} \times 22.4 = 56$ L

H_2O の質量 $= H_2$ の物質量 $\times \frac{H_2O の係数}{H_2 の係数} \times H_2O$ の分子量 $= 5.00 \times \frac{2}{2} \times 18 = 90$ g

O_2 の質量　80　g，体積　56　L，H_2O の質量　90　g

化学反応式の量的関係を質量に換算すると，質量保存の法則が成り立っていることがわかる。

2 次の化学反応式を書き，反応に関わる物質の物質量，0℃，1気圧(標準状態)における体積，質量を有効数字2桁で求めなさい。

例 プロパン C_3H_8 を完全燃焼させると，二酸化炭素と水が生成する。プロパン 88 g を完全燃焼させたとき，次の問いに答えなさい。

① この反応を化学反応式で表しなさい。　答　$C_3H_8 + 5O_2 \longrightarrow 3CO_2 + 4H_2O$

② プロパン 88 g の物質量を求めなさい。　C_3H_8 88 g の物質量は，$\frac{88}{44} = 2.0$ mol　答　**2.0 mol**

③ 消費した酸素の物質量を求めなさい。

O_2 の物質量 $= C_3H_8$ の物質量 $\times \frac{O_2 の係数}{C_3H_8 の係数} = 2.0 \times \frac{5}{1} = 10$ mol　答　**10 mol**

④ 生成した二酸化炭素の標準状態における体積を求めなさい。

CO_2 の体積 $= C_3H_8$ の物質量 $\times \frac{CO_2 の係数}{C_3H_8 の係数} \times CO_2$ 1 mol の体積(標準状態)

$= 2.0 \times \frac{3}{1} \times 22.4 = 134.4$ L　答　**1.3×10^2 L**

⑤ 生成した水の質量を求めなさい。

H_2O の質量 $= C_3H_8$ の物質量 $\times \frac{H_2O の係数}{C_3H_8 の係数} \times H_2O$ の分子量 $= 2.0 \times \frac{4}{1} \times 18 = 144$ g

答　**1.4×10^2 g**

(1) 亜鉛に塩酸を加えると，塩化亜鉛 $ZnCl_2$ と水素が生成する。亜鉛 6.5 g を塩酸と反応させたとき，次の問いに答えなさい。

① この反応を化学反応式で表しなさい。　$Zn + 2HCl \longrightarrow ZnCl_2 + H_2$

② 亜鉛 6.5 g の物質量を求めなさい。　Zn 6.5 g の物質量は，$\frac{6.5}{65} = 0.10$ mol　0.10　mol

③ 生成した塩化亜鉛の質量を求めなさい。

$ZnCl_2$ の質量 $=$ Zn の物質量 $\times \frac{ZnCl_2 の係数}{Zn の係数} \times ZnCl_2$ の式量 $= 0.10 \times \frac{1}{1} \times 136 = 13.6$ g

14　g

④ 生成した水素の標準状態における体積を求めなさい。

H_2 の体積 $=$ Zn の物質量 $\times \frac{H_2 の係数}{Zn の係数} \times H_2$ 1 mol の体積(標準状態) $= 0.10 \times \frac{1}{1} \times 22.4 = 2.24$ L

2.2　L

(2) 光合成は，二酸化炭素と水からグルコース $C_6H_{12}O_6$ および酸素を合成する反応である。グルコース 45 g を合成したとき，次の問いに答えなさい。

① この反応を化学反応式で表しなさい。　$6CO_2 + 6H_2O \longrightarrow C_6H_{12}O_6 + 6O_2$

② グルコース 45 g の物質量を求めなさい。

$C_6H_{12}O_6$ 45 g の物質量は，$\frac{45}{180} = 0.25$ mol　0.25　mol

③ 必要な水の質量を求めなさい。

H_2O の質量 $= C_6H_{12}O_6$ の物質量 $\times \frac{H_2O の係数}{C_6H_{12}O_6 の係数} \times H_2O$ の分子量 $= 0.25 \times \frac{6}{1} \times 18 = 27$ g

27　g

④ 発生する酸素の標準状態における体積を求めなさい。

O_2 の体積 $= C_6H_{12}O_6$ の物質量 $\times \frac{O_2 の係数}{C_6H_{12}O_6 の係数} \times O_2$ 1 mol の体積(標準状態)

$= 0.25 \times \frac{6}{1} \times 22.4 = 33.6$ L

34　L

水は0℃，1気圧(標準状態)で固体または液体なので，標準状態における気体の量として計算できない。

14 化学反応の量的関係(4)

1 次の化学反応式を書き，各問いに有効数字２桁で答えなさい。

例 マグネシウムに塩酸を加えると，塩化マグネシウム $MgCl_2$ と水素が生成する。マグネシウム 1.2 g を 2.0 mol/L 塩酸と反応させるとき，必要な塩酸の体積を，次の手順で求めなさい。

① この反応を化学反応式で表しなさい。　答 $Mg + 2HCl \longrightarrow MgCl_2 + H_2$

② マグネシウム 1.2 g の物質量を求めなさい。　Mg 1.2 g の物質量は，$\frac{1.2}{24}=0.050$ mol　答 **0.050 mol**

③ 必要な塩化水素の物質量を求めなさい。
HCl の物質量＝Mg の物質量×$\frac{\text{HCl の係数}}{\text{Mg の係数}}=0.050\times\frac{2}{1}=0.10$ mol　答 **0.10 mol**

④ 必要な 2.0 mol/L 塩酸の体積を求めなさい。
求める塩酸の体積を v〔mL〕とすると，$2.0\times\frac{v}{1000}=0.10$　$v=50$ mL　答 **50 mL**

(1) 亜鉛に塩酸を加えると，塩化亜鉛 $ZnCl_2$ と水素が生成する。亜鉛 1.3 g を 2.0 mol/L 塩酸と反応させるとき，必要な塩酸の体積を，次の手順で求めなさい。

① この反応を化学反応式で表しなさい。　$Zn + 2HCl \longrightarrow ZnCl_2 + H_2$

② 亜鉛 1.3 g の物質量を求めなさい。　Zn 1.3 g の物質量は，$\frac{1.3}{65}=0.020$ mol　0.020 mol

③ 必要な塩化水素の物質量を求めなさい。
HCl の物質量＝Zn の物質量×$\frac{\text{HCl の係数}}{\text{Zn の係数}}=0.020\times\frac{2}{1}=0.040$ mol　0.040 mol

④ 必要な 2.0 mol/L 塩酸の体積を求めなさい。
求める塩酸の体積を v〔mL〕とすると，$2.0\times\frac{v}{1000}=0.040$　$v=20$ mL　20 mL

(2) 炭酸カルシウム $CaCO_3$ に塩酸を加えると，塩化カルシウム $CaCl_2$ と水と二酸化炭素が生成する。炭酸カルシウム 2.0 g を 1.0 mol/L 塩酸とちょうど反応させるとき，必要な塩酸の体積，および生成する塩化カルシウムのモル濃度を，次の手順で求めなさい。ただし，反応の前後で水溶液の体積は変わらないものとする。

① この反応を化学反応式で表しなさい。　$CaCO_3 + 2HCl \longrightarrow CaCl_2 + H_2O + CO_2$

② $CaCO_3$ 2.0 g の物質量を求めなさい。　$CaCO_3$ 2.0 g の物質量は，$\frac{2.0}{100}=0.020$ mol　0.020 mol

③ 必要な塩化水素，および生成する $CaCl_2$ の物質量を求めなさい。
HCl の物質量＝$CaCO_3$ の物質量×$\frac{\text{HCl の係数}}{CaCO_3\text{ の係数}}=0.020\times\frac{2}{1}=0.040$ mol
$CaCl_2$ の物質量＝$CaCO_3$ の物質量×$\frac{CaCl_2\text{ の係数}}{CaCO_3\text{ の係数}}=0.020\times\frac{1}{1}=0.020$ mol
HCl の物質量 0.040 mol，$CaCl_2$ の物質量 0.020 mol

④ 必要な 1.0 mol/L 塩酸の体積を求めなさい。
求める塩酸の体積を v〔mL〕とすると，$1.0\times\frac{v}{1000}=0.040$　$v=40$ mL　40 mL

☑ モル濃度（体積モル濃度）は溶液 1 L に含まれる，溶質の物質量を表している。

⑤ ③，④より生成する $CaCl_2$ の濃度を求めなさい。
$CaCl_2$ は，水溶液 40 mL（＝0.040 L）中に，0.020 mol 溶解しているので，
$\frac{0.020}{0.040}=0.50$ mol/L　0.50 mol/L

2 次の化学反応式を書き，各問いに有効数字２桁で答えなさい。

例 マグネシウムに塩酸を加えると，塩化マグネシウム $MgCl_2$ と水素が生成する。マグネシウム 0.24 g を 2.0 mol/L 塩酸 50 mL と反応させた。発生した水素の 0 ℃，1 気圧（標準状態）における体積および反応せずに残った物質とその物質量を，次の手順で求めなさい。

① この反応を化学反応式で表しなさい。　答 $Mg + 2HCl \longrightarrow MgCl_2 + H_2$

② マグネシウム 0.24 g，および 2.0 mol/L 塩酸 50 mL に含まれる HCl の物質量を求めなさい。
答 Mg の物質量：$\frac{0.24}{24}=$ **0.010 mol**　HCl の物質量：$2.0\times\frac{50}{1000}=$ **0.10 mol**

③ 完全に反応する物質はどちらか書きなさい。　答 マグネシウム

④ 発生した水素の標準状態における体積を求めなさい。
H_2 の物質量＝Mg の物質量×$\frac{H_2\text{ の係数}}{\text{Mg の係数}}$×$H_2$ 1 mol の体積（標準状態）
$=0.010\times\frac{1}{1}\times22.4=0.224$ L　答 **0.22 L**

⑤ 残った物質とその物質量を求めなさい。
反応した HCl の物質量は，Mg の物質量×$\frac{\text{HCl の係数}}{\text{Mg の係数}}=0.010\times\frac{2}{1}=0.020$ mol　よって，残った物質は HCl で，その物質量は，$0.10-0.020=0.080$ mol　答 HCl が **0.080 mol**

(1) 炭酸カルシウム $CaCO_3$ に塩酸を加えると，塩化カルシウム $CaCl_2$ と水と二酸化炭素が生成する。炭酸カルシウム 4.0 g を 1.0 mol/L 塩酸 60 mL と反応させたとき，生成する二酸化炭素の標準状態における体積と水の質量，さらに残った物質の物質量を次の手順で求めなさい。ただし，反応の前後で水溶液の体積は変わらないものとする。

① この反応を化学反応式で表しなさい。　$CaCO_3 + 2HCl \longrightarrow CaCl_2 + H_2O + CO_2$

② $CaCO_3$ 4.0 g の物質量および 1.0 mol/L 塩酸 60 mL に含まれる HCl の物質量を求めなさい。
$CaCO_3$ の物質量：$\frac{4.0}{100}=0.040$ mol　HCl の物質量：$1.0\times\frac{60}{1000}=0.060$ mol
$CaCO_3$ の物質量 0.040 mol，HCl の物質量 0.060 mol

③ 完全に反応する物質はどちらか書きなさい。　塩酸

④ 生成する二酸化炭素の標準状態における体積と水の質量を求めなさい。
CO_2 の体積＝HCl の物質量×$\frac{CO_2\text{ の係数}}{\text{HCl の係数}}$×$CO_2$ 1 mol の体積（標準状態）
$=0.060\times\frac{1}{2}\times22.4=0.672$ L
H_2O の質量＝HCl の物質量×$\frac{H_2O\text{ の係数}}{\text{HCl の係数}}$×$H_2O$ の分子量$=0.060\times\frac{1}{2}\times18=0.54$ g
CO_2 の体積 0.67 L，H_2O の質量 0.54 g

⑤ 残った物質とその物質量を求めなさい。
反応した $CaCO_3$ の物質量は，HCl の物質量×$\frac{CaCO_3\text{ の係数}}{\text{HCl の係数}}=0.060\times\frac{1}{2}=0.030$ mol　よって，
残った物質は $CaCO_3$ で，その物質量は，$0.040-0.030=0.010$ mol　$CaCO_3$ が 0.010 mol

反応物の量に過不足がある場合，完全に反応する物質を基準にして，生成物の量を求めるようにする。

周期表ドリル

1 次の表の空欄をうめ，周期表を完成させなさい。

周期＼族	1	2	3	4	5	6	7	8	9	10	11	12	13	14	15	16	17	18
1	H 水素																	He ヘリウム
2	Li リチウム	Be ベリリウム											B ホウ素	C 炭素	N 窒素	O 酸素	F フッ素	Ne ネオン
3	Na ナトリウム	Mg マグネシウム											Al アルミニウム	Si ケイ素	P リン	S 硫黄	Cl 塩素	Ar アルゴン
4	K カリウム	Ca カルシウム	Sc スカンジウム	Ti チタン	V バナジウム	Cr クロム	Mn マンガン	Fe 鉄	Co コバルト	Ni ニッケル	Cu 銅	Zn 亜鉛	Ga ガリウム	Ge ゲルマニウム	As ヒ素	Se セレン	Br 臭素	Kr クリプトン
5	Rb ルビジウム	Sr ストロンチウム	Y イットリウム	Zr ジルコニウム	Nb ニオブ	Mo モリブデン	Tc テクネチウム	Ru ルテニウム	Rh ロジウム	Pd パラジウム	Ag 銀	Cd カドミウム	In インジウム	Sn スズ	Sb アンチモン	Te テルル	I ヨウ素	Xe キセノン
6	Cs セシウム	Ba バリウム	La-Lu ランタノイド	Hf ハフニウム	Ta タンタル	W タングステン	Re レニウム	Os オスミウム	Ir イリジウム	Pt 白金	Au 金	Hg 水銀	Tl タリウム	Pb 鉛	Bi ビスマス	Po ポロニウム	At アスタチン	Rn ラドン
7	Fr フランシウム	Ra ラジウム	Ac-Lr アクチノイド	Rf ラザホージウム	Db ドブニウム	Sg シーボーギウム	Bh ボーリウム	Hs ハッシウム	Mt マイトネリウム	Ds ダームスタチウム	Rg レントゲニウム	Cn コペルニシウム	Nh ニホニウム	Fl フレロビウム	Mc モスコビウム	Lv リバモリウム	Ts テネシン	Og オガネソン

2 次の表の空欄をうめ，周期表を完成させなさい。

周期＼族	1	2	3	4	5	6	7	8	9	10	11	12	13	14	15	16	17	18
1	H 水素																	He ヘリウム
2	Li リチウム	Be ベリリウム											B ホウ素	C 炭素	N 窒素	O 酸素	F フッ素	Ne ネオン
3	Na ナトリウム	Mg マグネシウム											Al アルミニウム	Si ケイ素	P リン	S 硫黄	Cl 塩素	Ar アルゴン
4	K カリウム	Ca カルシウム	Sc スカンジウム	Ti チタン	V バナジウム	Cr クロム	Mn マンガン	Fe 鉄	Co コバルト	Ni ニッケル	Cu 銅	Zn 亜鉛	Ga ガリウム	Ge ゲルマニウム	As ヒ素	Se セレン	Br 臭素	Kr クリプトン
5	Rb ルビジウム	Sr ストロンチウム	Y イットリウム	Zr ジルコニウム	Nb ニオブ	Mo モリブデン	Tc テクネチウム	Ru ルテニウム	Rh ロジウム	Pd パラジウム	Ag 銀	Cd カドミウム	In インジウム	Sn スズ	Sb アンチモン	Te テルル	I ヨウ素	Xe キセノン
6	Cs セシウム	Ba バリウム	La-Lu ランタノイド	Hf ハフニウム	Ta タンタル	W タングステン	Re レニウム	Os オスミウム	Ir イリジウム	Pt 白金	Au 金	Hg 水銀	Tl タリウム	Pb 鉛	Bi ビスマス	Po ポロニウム	At アスタチン	Rn ラドン
7	Fr フランシウム	Ra ラジウム	Ac-Lr アクチノイド	Rf ラザホージウム	Db ドブニウム	Sg シーボーギウム	Bh ボーリウム	Hs ハッシウム	Mt マイトネリウム	Ds ダームスタチウム	Rg レントゲニウム	Cn コペルニシウム	Nh ニホニウム	Fl フレロビウム	Mc モスコビウム	Lv リバモリウム	Ts テネシン	Og オガネソン